驚人大
ってやばい進化のいきもの図鑑

動物演化 驚奇圖鑑

原來以前動物長這樣？

文／今泉忠明
圖／內山大助、阿部民雄
譯／何珮儀
審定／張東君

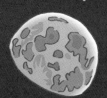

前言

　　這本書要跟大家聊的是生物演化的奇葩故事。「奇葩」以前是指奇特而美麗的花，或比喻很棒的作品或人才。現在卻多帶有調侃與貶義，形容一些超出常理的行為。語言的用法會隨著時代不同而變化，進而衍生出各種含義。這種情況或許可以稱為「語言的演化」。而所謂「演化」，是指事物循序發展，或者變得更加複雜的情況。

　　那麼「生物的演化」是什麼呢？「生物的演化」所指的是經過一段長達好幾十萬年、好幾百萬年的歲月之後，生物的外貌及特徵產生變化的情況。

　　生物生活的地方一旦發生「巨大變動」，「演化的機會」就會到來。例如全球性的激烈火山運動、冰河幾乎快要將地球覆蓋起來的嚴寒氣候，以及來自宇宙的巨大隕石撞擊地球……

如此重大的事情一發生，就會讓多數生物慘遭滅絕。但是在這場「大滅絕」中存活的生物，卻能夠孕育出在新的環境裡擁有新特徵的「演化生物」。「生物的演化」，是由親代傳給子代，需要傳承許多世代才能慢慢延續下去的變化。

我們在本書中要談談「最厲害」、「最有趣」的四種「超強」演化。大家不妨一起來比較看看當今生物與牠們的祖先模樣。在看了兩者身上的極端差異之後，大家說不定就會對「演化的厲害之處」感到驚艷。所以接下來就讓我們來比較一下經過極端演化的生物特徵吧。說不定你會為演化的多樣性感動讚嘆「生物實在是太厲害了」。有機會大家一定要好好想一想「超強演化生物第一名」這份榮譽要頒給誰。搞不好這個世界上還有這本書沒有提到，但是「演化過程更厲害」的生物喔。

希望大家在看了這本書之後，能夠深深體會到「生物演化」這個神奇又有趣的現象。

動物學家 **今泉忠明**

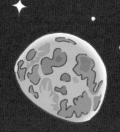

地球與生物

驚人的過去

6億年前……地球宛如

昔 | 6億年前 | 元古宙埃迪卡拉紀的地球 | ▶相關：146頁

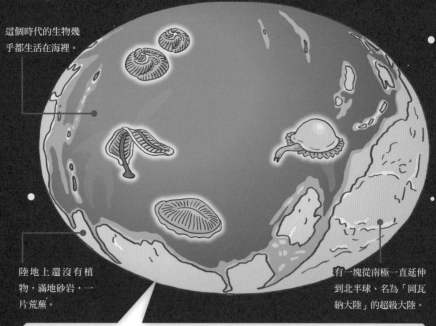

這個時代的生物幾乎都生活在海裡。

陸地上還沒有植物，滿地砂岩，一片荒蕪。

有一塊從南極一直延伸到北半球、名為「岡瓦納大陸」的超級大陸。

陸地幾乎都在南半球，像現在這樣的動物與植物完全不見蹤影。剛開始的生命都微小到肉眼無法看見，一直到6億年以前海裡才開始出現大小能為肉眼所見的生物，而且絕大多數奇形怪狀，看不出是動物還是植物。

距今約46億年前，地球在宇宙誕生。而第一個生命，據說大約出現在38億年前。在這段驚人的漫長歷史當中，地球與生物一直在改頭換面。只要試著比對遠古時代與現代地球，就會發現陸地與海洋的形狀，甚至是生物的樣態根本就截然不同！

另一顆行星！

現在 新生代第四紀的地球 今

人類大約在20萬年前誕生於非洲。

最南端是冰雪一片的「南極大陸」。

大陸與島嶼大幅移動，約258萬年以前形成現在的地形。

炙熱的岩漿在地球的地底深處流動，而且**陸地每年還會隨著流動的岩漿移動數公分**。直到現在，陸地依舊在移動，因此有人推測數億年後所有大陸恐怕會連成一塊。至於**我們人類的祖先誕生於非洲**，之後遷徙至世界各地，不僅打造了城鎮與國家，還創造了文明。

生物是藉由「演化」改變的！

1 身體的形狀會改變！

在海邊生活之後，身體變得和魚一樣！

儒艮原本是用四隻腳在陸地行走的動物，但在海邊生活之後，生下體型適合游泳的孩子，而且還越來越多，所以後腳漸漸消失，前腳與尾巴則是變成了魚鰭般的形狀。

▶相關：154頁

3 有利的特徵會留下！

就只有我們長得夠高，樹葉根本就是吃到飽！

長頸鹿以前脖子其實很短。但是在離開森林到草原奔跑生活的這段期間腳變長了，脖子長的個體，不但可以站著喝水，食用高處的樹葉時更是佔盡優勢。由於存活下來的長頸鹿大多脖子很長，所以後代才會遺傳到這個特徵。

▶相關：32頁

地球生物昔日與今日的模樣為何會截然不同呢？那是因為在這段漫長的歲月裡我們一直不斷地在「演化」。所謂演化，是指生物在出生的環境中為了更容易適應生存，因而讓模樣與特徵有所改變。只要每次地球環境一有變化，我們就會不斷地重複演化與滅絕，所以才會形成今日的模樣！

2 原有的習性會改變！

貓熊以前原本是捕食其他動物的肉食性動物。但競爭時輸給對手之後變成在深山生活。沒想到山上只能找到老鼠與竹筍，所以對食物的喜好才會出現變化，開始以食用滿山的竹子維生。

▶相關：46頁

只要吃的東西跟別人不同，
就不用跟大家搶東西吃了！

4 也有可能失去某種能力！

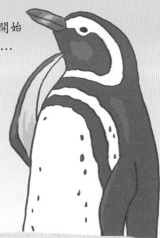

身體是從什麼時候開始
變得不能飛的呀……

企鵝以前原本是在空中飛翔的鳥類，但在潛入海中捕食魚類的過程中，身體雖然變得越來越會游泳，但是也變得越來越不會飛。由此可知演化與退化其實是一體的兩面。

生物是怎麼「演化」的？

6800萬年前

在這個恐龍稱霸的世界裡，我們的祖先哺乳類動物只能在森林中低調生活。

6600萬年前

巨大隕石撞擊地球，揚起的大量砂石與灰塵覆蓋整個地球。

一切都是命運在捉弄！
生物「演化」的契機

1 環境改變了

隕石撞擊、火山爆發，再加上全球規模的氣候變遷……環境一旦驟變，在生物體內沉睡著的「演化開關」就會啟動，如此一來，會非常容易生下特徵與父母不同的孩子。*

＊這叫做基因「突變」。

就算拚命拜託老天爺「給我一對翅膀！」我們也無法隨心所欲的演化，因為這是要靠天時地利人和，好幾個偶然機緣同時發生，生物才有辦法演化。另外，我們也不可能在這輩子有所演化，因為所有生物都必須花上好幾十萬年，甚至好幾百萬年的時間，代代相承才能演化。

5000萬年前

殘存的少數哺乳類靠著生物屍體及少數植物保住性命。沒有恐龍之後，世界變得遼闊無比，同類變多，子孫也不斷地繁衍下去。

6550萬年前

被大量灰塵所覆蓋、完全不見天日的地球漆黑一片，寒冷無比。多數植物枯萎，以植物為食的動物紛紛餓死，使得以那些動物為食的恐龍因此滅絕。

2 生活的空間變大了

無法適應環境變化的生物會滅絕。相對地，**存活下來的生物採擷食物與養育後代的空間會變大，因此在眾多土地上擁有不同特徵的同類也會跟著增加。** *

3 適應環境的孩子會存活

生活環境一改變，**多數擁有適應新環境等特徵的孩子就能夠存活下來。** *而這個特徵會繼續傳承給後代，如此一來生物就會「演化」。因此環境的變遷會隨著世代的演進來改變生物的樣貌與特徵。

*這叫做「適應輻射」。　　　　　　　　　*這叫做演化的「天擇」。

生物的祖先長怎樣呢？

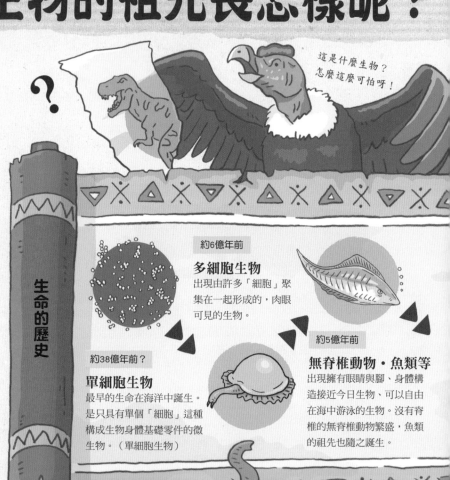

這是什麼生物？
怎麼這麼可怕呀！

生命的歷史

約6億年前

多細胞生物
出現由許多「細胞」聚集在一起形成的，肉眼可見的生物。

約38億年前？

單細胞生物
最早的生命在海洋中誕生。是只具有單個「細胞」這種構成生物身體基礎零件的微生物。（單細胞生物）

約5億年前

無脊椎動物・魚類等
出現擁有眼睛與腳、身體構造接近今日生物、可以自由在海中游泳的生物。沒有脊椎的無脊椎動物繁盛，魚類的祖先也隨之誕生。

這是什麼
詭異的生物呀？

第一個出現在地球上的生命，是肉眼看不到的微小生物。經過38億年這段漫長的歲月，最後終於演化成各種擁有不同特徵的生物。當今生活在地球上的生物幾乎都是從最初的生命體演化而來，彼此像是親戚一樣。生命的歷史，其實是綿延不斷的。

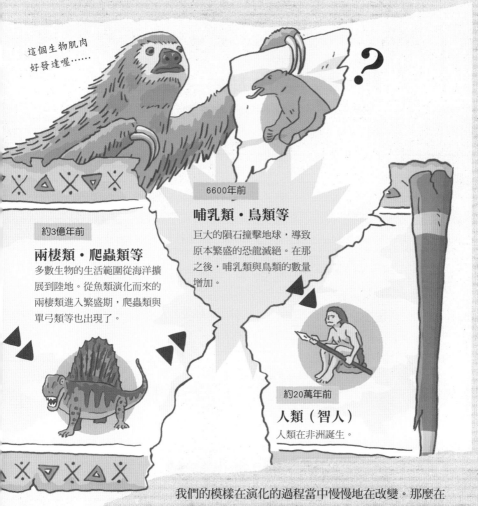

這個生物肌肉好發達喔⋯⋯

6600年前

哺乳類・鳥類等

巨大的隕石撞擊地球，導致原本繁盛的恐龍滅絕。在那之後，哺乳類與鳥類的數量增加。

約3億年前

兩棲類・爬蟲類等

多數生物的生活範圍從海洋擴展到陸地。從魚類演化而來的兩棲類進入繁盛期，爬蟲類與單弓類等也出現了。

約20萬年前

人類（智人）

人類在非洲誕生。

我們的模樣在演化的過程當中慢慢地在改變。那麼在100萬年前、1000萬年前，甚至是1億年前，我們的祖先究竟是長得什麼樣呢？

讓我們看看這驚人的模樣吧！☞

動物演化驚奇圖鑑目錄

還沒輪到我上場嗎？

\一比之下不得了！/

第1章 變化太大太驚人!!

你可曾看過沒有甲殼的烏龜嗎？

?

?

你們知道我是誰的祖先嗎？

\一比之下不得了！/
第2章 容貌不改太驚人!!
生物的風貌，幾乎沒改變過…74

喂喂喂，
不要隨便長毛啦～

?

人在天國的達爾文不知道過得好不好？

我們早在好幾億年前就已經在地球上了喔～

大家都叫我「活化石」，還真是不好意思呢……

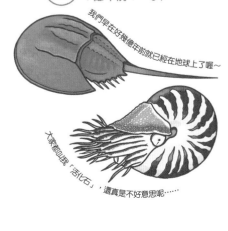

嗯～那個……我……可以繼續睡嗎……？

\一比之下不得了！/

第3章 差異懸殊太驚人!!

明明是近親，特徵卻千差萬別的生物…98

我是不是該報名全國長壽大會呀……

我的腳細細小小的，很可愛喔！

鄙人的盔甲在貝類中最強！

我們的社群平台是大便喔～

耶！
跳吧！

超強演化事蹟❸

※本書介紹的生物相關資料（大小及生存年代）是根
　據多數文獻、研究機構的論文資料以及作者的調查
　紀錄而記載的。
※生物大小等特徵會因個體而有所差異，故僅列出一
　個參考數值。至於刊載的資料則以本書發行當時的
　內容為基準。
※地球過去的地形圖是參考用摩爾威特投影法繪製而
　成的資料描繪而成的，有些部分會省去海岸線與地
　形，甚至採用變形的方式來繪製。

好啦好啦，各位小朋友～
《驚人大發現！動物演化驚奇圖鑑》
要開始了喔～

生物演化靠滅絕！

跟著化石追尋生物的 地質年代表

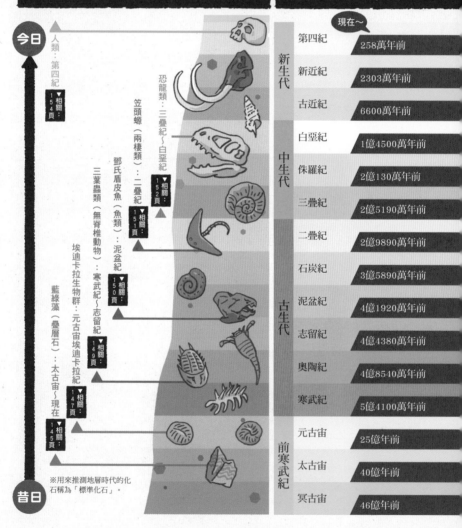

在過去的地層中發現的化石

地質時代與年代

		現在～
新生代	第四紀	258萬年前
	新近紀	2303萬年前
	古近紀	6600萬年前
中生代	白堊紀	1億4500萬年前
	侏羅紀	2億130萬年前
	三疊紀	2億5190萬年前
古生代	二疊紀	2億9890萬年前
	石炭紀	3億5890萬年前
	泥盆紀	4億1920萬年前
	志留紀	4億4380萬年前
	奧陶紀	4億8540萬年前
	寒武紀	5億4100萬年前
前寒武紀	元古宙	25億年前
	太古宙	40億年前
	冥古宙	46億年前

今日

人類：第四紀 ▼相關：154頁

恐龍類：三疊紀～白堊紀 ▼相關：152頁

笠頭螈（兩棲類）：二疊紀 ▼相關：151頁

鄧氏盾皮魚（魚類）：泥盆紀 ▼相關：150頁

三葉蟲類（無脊椎動物）：寒武紀～志留紀 ▼相關：149頁

埃迪卡拉生物群：元古宙埃迪卡拉紀 ▼相關：147頁

藍綠藻（疊層石）：太古宙～現在 ▼相關：145頁

昔日

※用來推測地層時代的化石稱為「標準化石」。

16　※本書介紹的地質年代所參考的資料是國際地層委員會製作的「國際年代地層表」（2019年5月版）。

從地球誕生到人類歷史開始的這段期間稱為「地質時代」。地質時代發生的火山大規模爆發、巨大隕石撞擊地球以及氣候劇烈變化，讓許多生物屢屢瀕臨斷絕性命的「大滅絕」。但不管是哪個世代，生物就是有辦法克服這個大滅絕，大步邁向演化。所以就讓我們藉由這些化石，看看什麼樣的時代有什麼樣的生物欣欣向榮吧！

過去曾經歷過大滅絕、大演化、繁盛的生物

生物的歷史……
累積將近
38億年!!

「哺乳類」繁榮興盛・人類誕生

6600萬年前，也就是白堊紀末期，地球遭到巨大隕石撞擊，所有生物物種約有60%遭到滅絕。而恐龍的絕跡更是讓世界上的「哺乳類」得以繁盛。之後約在20萬年以前，從猿猴的同類演化的「人類」誕生。

大滅絕&大演化

從兩棲類演化而來的「爬蟲類」・恐龍繁盛

二疊紀末期，地球發生大規模的火山活動，所有的生物種超過90%遭到大滅絕，之後開始換「爬蟲類」繁盛。三疊紀末期也發生了火山運動，使得所有生物種約有60%遭到滅絕。之後爬蟲類當中的「恐龍」在世界中增加物種，大為繁盛。

大滅絕&大演化

從魚類演化而來的「兩棲類」繁盛

泥盆紀末期，地球環境驟變，所有的生物種約有82%大量滅絕。腳由魚類的鰭演化而來的「兩棲類」登上陸地，頗為繁盛。

大滅絕&大演化

擁有脊椎骨的「魚類」演化・繁盛

奧陶紀末期，地球環境驟變。所有的生物種約有85%大量滅絕。之後擁有堅硬脊椎骨與強力下頷的魚類出現，繁榮興盛。

大滅絕&大演化

沒有脊椎骨的「無脊椎動物」演化・繁盛

元古宙末期，地球環境驟變。在經歷一場大滅絕之後，三葉蟲等沒有脊椎骨的「無脊椎動物」演化，讓生物的種類爆發性地增加。

大滅絕&大演化

「微生物」誕生・演化

大約38億年前，細菌之類的微生物誕生，不斷地演化與滅絕，一直到6億年前才出現體型較大的「埃迪卡拉生物群」。

地球誕生 ▶相關：144頁

第1章

一比之下不得了！

變化太大

生物的外貌，隨著演化而改變

地球上有數也數不清的生物。

但是大家並不是打從一開始就長成現在這個樣子。

久遠以前誕生的祖先是在經過一段漫長歲月的「演化」，

變成各式各樣的體型與大小之後才形成今日這個樣貌。

那麼我們熟悉的那些生物的祖先

以前究竟是長得什麼樣呢？

就讓我們來比較看看各種生物「今日」與「昔日」的模樣吧！

如何閱讀本章

大家可以試著藉由左右兩頁的圖片來比對生物「今日」與「昔日」的模樣。今日的生物與祖先的模樣有哪邊類似、哪邊不同？就讓我們來看看生物在演化的過程當中，究竟是怎麼改變模樣吧！

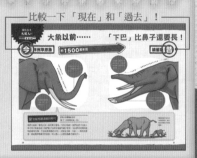

太驚人!!

下巴變長了。

大象以前⋯⋯

今 非洲草原象

約 **1500** 萬年前

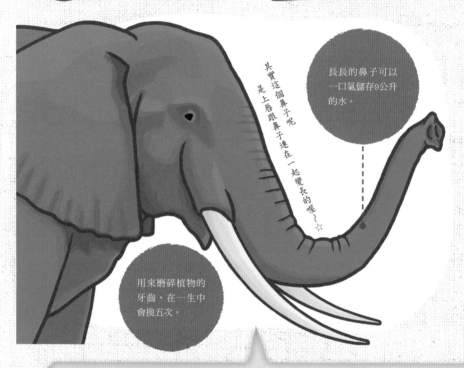

長長的鼻子可以一口氣儲存9公升的水。

其實這個鼻子呢是上唇跟鼻子連在一起變長的喔～☆

用來磨碎植物的牙齒，在一生中會換五次。

📝 也曾有過這樣的時代

要和大家聊聊祖先的
象子（非洲草原象・母）

我們大象呢，雖然以長～長的鼻子聞名，可是以前呢，我們也有下巴長～得不得了的祖先呢！牠們把下巴的牙齒當作鏟子使用，可以將沼地裡的植物挖起來吃喔。不信你看看牠的下巴。方便是方便，可是⋯⋯我再怎麼看，就是覺得那個下巴很重。所以我⋯⋯只要這個鼻子就好了～

「下巴」比鼻子還要長！

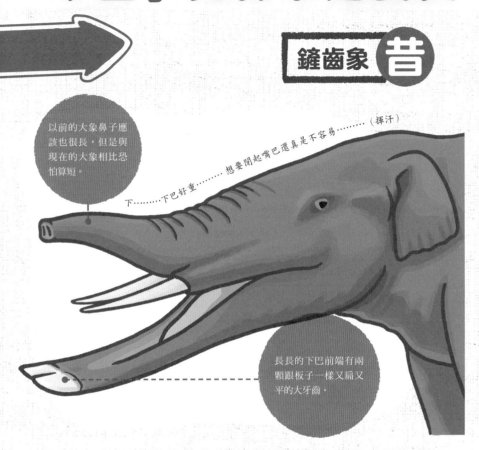

鏟齒象 昔

以前的大象鼻子應該也很長，但是與現在的大象相比恐怕算短。

下………下巴好重………想要閉起嘴巴還真是不容易………（揮汗）

長長的下巴前端有兩顆跟板子一樣又扁又平的大牙齒。

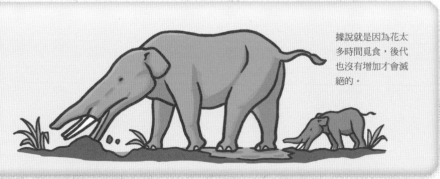

據說就是因為花太多時間覓食，後代也沒有增加才會滅絕的。

大象是這樣演化的！

哺乳類 長鼻目

演化之後鼻子變得長～長的，這樣覓食與喝水會更輕鬆喔！

1500 萬年前

演化後體型變大了，鼻子也變長了！

5800 萬年前

沒有長長的鼻子，也沒有象牙喔～

牠是這樣誕生的！

磷灰獸

生存年代	新生代古近紀（古新世）
大小	體長60㎝
食物	水草
分布地	北非

年代最為古老的大象祖先。大小與狗差不多，外表像河馬，就連生活型態也與河馬雷同，推測是以沼地或河川附近的水草為食。尚未擁有長長的鼻子。

牠是這樣誕生的！

鏟齒象

生存年代	新生代新近紀（中世紀）
大小	體長4m
食物	草或樹皮
分布地	非洲、歐亞大陸、北美

在遼闊草原生活之後，演化的體型逐漸變大，鼻子也變長了，這樣在站著食用地面的草或者是喝水時會更方便。另外，這個類群的大象下巴都很長。

大象的祖先原本在森林的水邊生活，體型小，鼻子也不長，要到離開森林來到平原生活之後體型才變大，演化之下鼻子也變長了。有了長鼻子之後，大象就可以站著吃東西，不需要再蹲跪著食用地面上的草及喝水了，而且進食的時候就算快要遭到敵人侵襲，也能夠立刻逃之夭夭，對於生存非常有利喔。

40
萬年前

冷到全身長滿毛。

現代

是當今地球上體型最大的
陸生動物喔☆

📎 牠是這樣誕生的！

真猛瑪象

生存年代	新生代第四紀（更新世～全新世）
大小	體長5m
食物	禾本科草類與針葉樹的小樹枝
分布地	歐亞大陸、北美

當地球因為氣溫下降而進入「**冰河時期**」時，演化成擁有**耐寒體質**的大象也出現了。但人類卻為了毛皮和象肉而獵殺牠們，再加上食用的植物減少，結果在4000年前滅絕。

📎 牠是這樣誕生的！

非洲草原象

生存年代	現代
大小	體長7m
食物	草、樹果、竹子等
分布地	非洲（撒哈拉以南）

非洲草原象一天要食用150公斤的**植物**、飲用100公升的**水**，龐大的身體才能夠補足基本的熱量。至於野生的大象更是幾乎一整天都要在草原裡尋找食物與水。

鯨魚以前……

今 大翅鯨

約5200萬年前

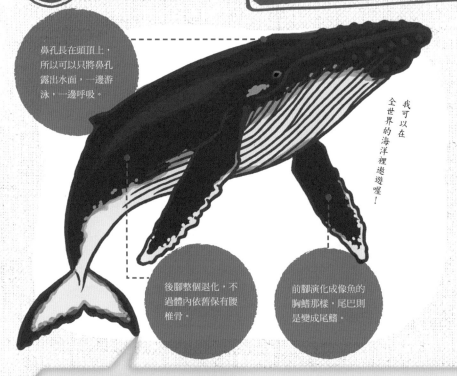

鼻孔長在頭頂上，所以可以只將鼻孔露出水面，一邊游泳、一邊呼吸。

我可以在全世界的海洋裡邀遊喔！

後腳整個退化，不過體內依舊保有腰椎骨。

前腳演化成像魚的胸鰭那樣，尾巴則是變成尾鰭。

也曾有過這樣的時代

要和大家聊聊祖先的
鯨之助（大翅鯨・公）

話說我們現在雖然是行蹤遍布七大洋、身體龐大的鯨魚，但是聽說我們家的祖先呢，體型不大，而且是用四隻腳在陸地上生活。據說那時候有一片遼闊的海洋叫做「古地中海」，所以有人說我們的祖先偶爾會食用被海水推上岸的大魚、鳥還有烏龜。你相信嗎？

曾經在「陸地」上行走！

體型大小與狼差不多，但是外表像狗，擁有一條長長的尾巴。

我走路比游泳還要厲害。

用四隻腳在陸地上行走，趾頭也還有蹄。

那我不客氣囉！

頭骨形狀與牙齒排列方式與當今的鯨魚類似。

25

鯨魚是這樣演化的！

哺乳類 鯨目

5200萬年前 在陸地與海洋之間來來去去。

4900萬年前 游泳比走路還要厲害喔！

原本是慘敗組，但是將棲息地從陸地遷移到海洋之後，竟一舉成功地存活下來。

📎他是這樣誕生的！

巴基鯨

生存年代	新生代古近紀（始新世）
大小	全長1.8m
食物	魚、貝等
分布地	巴基斯坦北部、印度北部

時代最為古老的鯨魚祖先。牠們有四隻腳，並且**在靠近海邊的陸地上生活**。一般認為牠們是在海邊捕食魚類，而後牠們的子孫再慢慢適應了水中活動。

📎他是這樣誕生的！

步鯨

生存年代	新生代古近紀（始新世）
大小	全長3m
食物	魚、貝等
分布地	巴基斯坦

比起在陸地，演化後的**模樣反而更適合在水中生活**。趾頭間長有「蹼」，體型也變大，推測應當可以在水中全身上下扭動，拍動四肢游泳。

鯨魚的祖先原本有四隻腳，並且在陸地上生活。5000萬年前出現了可以在陸地與海洋生活的鯨魚，並且慢慢演化出能適應水中生活的身體。海豚與虎鯨也是鯨魚，能夠在水中以母乳餵養寶寶。即便生活在海裡，依舊保有不少哺乳類動物的特徵。

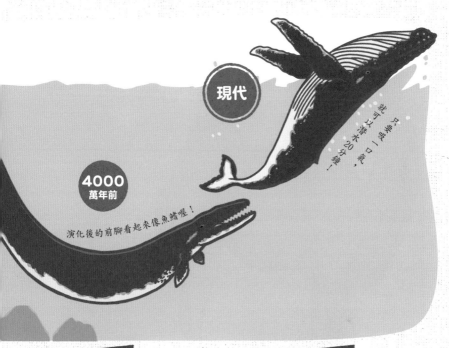

現代

只要換口氣又可以潛入海中20分鐘……

4000萬年前

演化後的前腳看起來像魚魚鰭喔！

ℐ牠是這樣誕生的！

龍王鯨

生存年代	新生代古近紀（始新世）
大小	全長20m
食物	魚、烏賊等
分布地	非洲、歐洲、北美周邊海洋

腳演化成鰭狀，變成可以完全在水中生活的模樣。身體雖然變得巨大，但是尾鰭與胸鰭卻非常短小，推測應當無法潛入深海中。

ℐ牠是這樣誕生的！

大翅鯨

生存年代	現代
大小	全長15m
食物	磷蝦、鯡魚等
分布地	全世界的海洋

腦部發達，可透過叫聲與同伴溝通，或集體合作捕魚。夏天在北極與南極附近生活，冬天則在赤道附近的溫暖海域生產及育兒。

哺乳類 偶蹄目 駱駝以前⋯⋯ 沒有「駝峰」!

今 雙峰駱駝

約 **4500** 萬年前

照樣能夠活蹦亂跳喔！
所以就算在沙漠，
我就是因為有駝峰，

駝峰中儲存了大量的脂肪。這個部分的脂肪只要經過分解，就能夠轉換成能量。就算不吃不喝好幾週，照樣可以活動。

牠是這樣誕生的！

來自北美平原的祖先**適應了沙漠中的生活**。大而扁平、站在沙地上也不會陷進去的腳底板，以及能夠阻擋沙子跑進眼裡的長〜睫毛，都是為了適應沙漠而演化的身體構造。膝蓋與腳底的皮膚堅硬，就算站在炙熱的沙地上也不會燙傷。被人類飼養的駱駝數量雖然增加了，但野生駱駝卻瀕臨絕種。

生存年代	現代	大小	體長2.2〜3.5m	食物	仙人掌、樹葉等	分布地	中亞（戈壁沙漠）

駱駝的祖先誕生於北美，之後遍及亞洲、非洲及南美，但是只有分布在亞洲與非洲的同類在被逐出草原，適應沙漠生活之後演化成今日的駱駝。分布在南美的駱駝同類同樣也被逐出草原，但是只有適應高山生活的個體演化成現在的羊駝與駱馬。

原疣腳獸 昔

我生活在森林裡，不需要駝峰喔！

推測背部應該是平坦的。就算是現代的駱駝，剛出生的時候也是沒有駝峰，要隨著成長才會隆起。

體型小，與大型犬差不多。

牠是這樣誕生的！

時代最為古老的駱駝祖先。生活在森林裡，似乎是以食用嫩葉維生。推測當時因為食物豐富，不需要儲存營養，所以**背上沒有駝峰**。現在的駱駝只有2根趾頭，不過牠們卻有4根。在氣候變得乾燥又寒冷的情況之下，森林面積變少，結果導致棲息在北美的牠們因此而滅絕。

生存年代	新生代古近紀（始新世）	大小	體長80㎝	食物	樹葉	分布地	北美

哺乳類
齧齒目

老鼠以前⋯⋯ 是「龐然大物」！

今

老鼠（溝鼠）

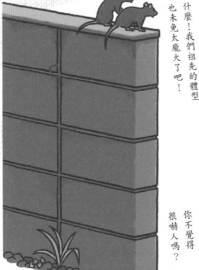

什麼！我們祖先的體型也未免太龐大了吧！

你不覺得很嚇人嗎？

約**400**萬年前

眼睛與耳朵小小的，尾巴比身體還要長，懷孕期約20天左右。每次生產可以生下6胎至14胎。壽命約2到3年。

📎牠是這樣誕生的！

推測原本出生於中國北部，因為混進船隻、飛機與列車中，所以才會**遍布南極以外的所有大陸**。棲息在下水道與地下鐵之中，以蟲隻及廚餘為食，當中有不少是生活在都市裡。包含老鼠在內的「**齧齒類**」這個類群在當今的哺乳類中是數量最多、最繁盛。

生存年代	現代	大小	體長25cm	食物	幾乎什麼都吃	分布地	世界各地

一般認為老鼠同類的祖先應該早在5500萬年以前就已經在北美出現。之後在演化出不同物種的過程中進出南美，等到人類繁盛之後又混入船隻裡，跨海遍及世界各地。

莫尼西鼠 昔

告訴你喔，我們的體重差不多有700公斤……

從前認為由於牠們的牙齒小，咬合力應該不大，不過最近卻有研究證明牠們咬合力和老虎一樣強勁。

牠是這樣誕生的！

棲息在南美的沼澤地帶，史上體型最大的老鼠。 有些的頭骨甚至長達53公分。到1200萬年前為止，南美的水邊原本是大型有蹄類生物（馬與河馬的同類）的盤據地，後來遭到來自北美的新種動物入侵而滅絕。一般認為這也是齧齒類之所以巨大化的原因。

生存年代	大小	食物	分布地
新生代新近紀（上近世）～第四紀（更新世）	體長3m	水草、果實等	烏拉圭

長頸鹿以前

今 馬賽長頸鹿

▶相關：6頁

我呢，光是脖子就有兩公尺長喔。

用長達40㎝的舌頭捲食樹葉。

約**700**萬年前

長頸鹿的左心室壁厚達8公分，這樣才能將血液輸送到頭頂。頭部後方有網狀的微血管，所以長長的脖子就算上下擺動，也不會對腦部的血壓造成太大的影響。

……「脖子」很短！

薩摩獸 昔

脖子比馬稍微長一點。推測牠們的模樣應該介於當今的長頸鹿與霍加狓鹿之間。

雖然是我們的子孫，不過這脖子長得還不錯。

也曾有過這樣的時代

要和大家聊聊祖先的
長頸婦人（馬賽長頸鹿·母）

薩摩獸應該是剛離開森林到平原沒多久，所以脖子才會沒有我們那麼長。而且牠們的脖子就只有上半部的骨頭稍微長一點，下半部的骨頭依舊是短的喔。換句話說，我們這長長的脖子可是經歷兩個階段演化而來的，也就是先讓上半部的頸骨伸長，接著再換下半部。

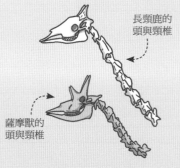

長頸鹿的頭與頸椎

薩摩獸的頭與頸椎

哺乳類的頸椎數量大家都一樣，也就是7節。而長頸鹿是因為每一節都長達30公分，所以脖子才會這麼長。

長頸鹿
是這樣演化的！

多虧這修～長的腳與脖子，才能跑得這麼快，更不用擔心吃！

700萬年前

開始在草原生活之後，結果體型就變大了！

剛開始是住在森林裡的。

1800萬年前

📎 牠是這樣誕生的！

古鹿獸

生存年代	新生代新近紀（中新世）
大小	體長1.7m
食物	草或樹葉
分布地	非洲、亞洲、歐洲

時代最早，為**長頸鹿與霍加狓鹿的共同祖先**，原本生活在森林。但氣候變遷導致森林面積減少，因此遷徙到草原的古鹿獸變成長頸鹿，繼續留在森林的則演化成霍加狓鹿。

📎 牠是這樣誕生的！

薩摩獸

生存年代	新生代新近紀（中新世～上新世）		
大小	體長3m	**食物**	樹葉等
分布地	非洲、亞洲、歐洲		

推測是由**離開森林到草原生活的祖先**演化而來的。不僅**體型變大，腳與脖子也稍微變長**，以便適應遼闊的草原生活。應該是以草原上的樹葉為食。

離開森林到草原生活之後，長頸鹿的祖先首先就讓腳演化變長了。腳一長，在喝池塘或河裡的水時就必須蹲下來，可是這樣反而容易遭到敵人攻擊，所以喝水的時候不用蹲下來的長脖子孩子大量存活。而這些特徵在代代傳承之後，才演化出長長的脖子。

現在

在草原生活，全世界個子最高的動物。

留在森林裡的原始長頸鹿！

現在

✏ 牠是這樣誕生的！

馬賽長頸鹿

生存年代	現在
大小	到頭頂的高度為5m
食物	相思樹之類的葉子
分布地	非洲

託了脖子夠長之福而可以站著喝水，並且能夠吃到其他動物搆不到的高處樹葉。以十頭左右的個體群居生活，能以時速50公里的速度奔跑。

✏ 牠是這樣誕生的！

番外篇 霍加狓鹿

生存年代	現在
大小	體長2m
食物	樹葉
分布地	非洲（剛果共和國）

1901年在剛果的森林裡發現、保留原始特徵的長頸鹿近緣動物。起初人們以為與斑馬同種，後來從蹄的形狀以及有無頭角判斷出是長頸鹿的同類。特徵是短脖子。

變化太大
太驚人!!

驚人程度 ★★☆

犀牛以前……

今 白犀牛

約4000萬年前

我們的角，
其實是像由毛髮
聚集而成的毛圍……

鼻頭有兩根角，有
的白犀牛鼻頭的角
可長達1公尺。

嘴巴的幅度寬，能
一口吃下不少地面
上的草。

也曾有過這樣的時代

要和大家聊聊祖先的
犀牛爺（白犀牛·公）

你們可別看我體型又矮又胖，聽說我們的祖先身材非常苗條，再加上那個
時候頭上還～沒有長出角，所以常有人誤以為牠們是馬的祖先，始祖馬
▶相關：41頁。聽說牠們是在空曠的森林裡或山林間生活，能夠輕而易舉
地在山林間奔跑穿越喔～

沒有長「角」！

我們還沒有長出可以成為角的毛團喔……

體型大小差不多只比大型犬再稍微大一些。

四肢苗條細長，所以又稱為「奔跑的犀牛」。

呼～果然
還是森林裡的空氣最新鮮！

腳趾頭的數目
與現在的犀牛一樣
都是3根。

犀牛
是這樣演化的！

演化的重點不在於跑得快，而是讓身體變得更龐大、更強壯！

1500
萬年前

4000
萬年前

體型小一點的話在森林就比較容易生活，不是嗎？

一來到水邊生活，結果就變胖了……

✐ 牠是這樣誕生的！

跑犀

生存年代	新生代古近紀（始新世～漸新世）
大小	體長1.5m
食物	低矮樹木的葉子等
分布地	北美

時代最為古老的犀牛祖先之一，不過**還沒有長角**。與牠們關係較近的巨犀體長7.5公尺，推測是史上最大的陸生哺乳類。▶相關：154頁

✐ 牠是這樣誕生的！

遠角犀

生存年代	新生代新近紀（中新世～上新世）
大小	體長3.5m　**食物** 樹葉或草
分布地	北美

身體像圓桶，腳粗短，外表與河馬相似，推測應該是在河邊或池塘旁過著**半水生的生活**。為了不受敵人侵襲，因而在**鼻尖長角**以當作武器，保護自己。

一般認為犀牛的祖先，是距今約5000萬年前由馬的祖先演化而來的。起初體型較小，也沒有長角，之後才變得龐大，並將勢力範圍擴大到全世界。但是因氣候變得寒冷，與牛的同類競爭失敗，才會導致數量漸漸地變少。

現在

360萬年前

氣候變冷，所以長了毛。

我要用這個角與敵人戰鬥！

@牠是這樣誕生的！

披毛犀

生存年代	新生代新近世（上新世）～第四紀（更新世）
大小	體長4m
食物	草或苔癬等
分布地	英國、西伯利亞等

在「**冰河時期**」這個寒冷時代誕生於北方寒冷地區。和真猛獁象 ▶相關：23頁 一樣**全身覆蓋著長毛**。約1萬年以前依舊存活，甚至還發現了木乃伊。

@牠是這樣誕生的！

白犀牛

生存年代	現在
大小	體長4m
食物	草等
分布地	非洲

體型與角有了大幅度的演化，體重甚至從2噸攀升到4噸。但因為「犀牛角能治病」這個毫無根據的觀念流傳開來而遭到人類濫捕*，因而瀕臨絕種。

＊大量捕捉、殺害動物。

39

馬以前⋯⋯

 馬（純種馬）

心臟約5公斤重。
這個器官的演化幅
度這麼大的原因，
是為了跑得更快。

人類騎坐在上時，
奔跑的速度可達
70公里。

肩膀高度
與成人的身高
平分秋色喔！

‖前腳與腳趾頭的蹄‖

也曾有過這樣的時代

要和大家聊聊祖先的
馬五郎（純種馬・公）

我們的腳趾現在只有一根，這樣就能將力道集中在同一個地方，踢地面的時候才有辦法用力。就是因為這樣，我們跑起來才會健步如飛！不過我們的祖先卻不一樣，前腳腳趾有4根，後腳腳趾有3根，因為那時候牠們住在森林裡，根本就不需要奔跑，而且多幾根腳趾的話，走在凹凸不平的地面上也會比較方便喔～

體型「跟柴犬一樣」！

始祖馬 昔

約5000萬年前

身體差不多40公分高，大小與柴犬之類的小型犬差不多，腳也比較短。

找到的臼齒化石與今日的馬有所不同，比較適合用來吃樹葉而不是吃草。

我們的體型跟狗差不多大喔！

‖前腳與腳趾頭的蹄‖

還有喔～跑起步來也不是噠噠的馬蹄聲喔！

一邊在森林裡四處跑步，一邊吃嫩芽與草木的嫩葉。

馬
是這樣演化的！

腳為了快速奔跑而變長，腳趾頭的數量也隨之減少！

5000萬年前
前腳有4根趾頭，後腳有3根趾頭！

1000萬年前
腳趾頭變3根了喔！

牠是這樣誕生的！

始祖馬

生存年代	新生代古近紀（始新世）
大小	肩高40㎝
食物	嫩芽、樹葉
分布地	北美、歐洲

時代最為古老的馬祖先。趾頭**前腳4根，後腳3根**，有小型的蹄。體型小，因此剛發現化石的時候並沒有想到是馬的同類。

牠是這樣誕生的！

中新馬

生存年代	新生代新近世（中新世）
大小	肩高1m
食物	草等
分布地	北美

前腳趾頭減少成3根，正中央的趾頭的蹄變大而且發達，跑起步來速度更快，但是左右兩根趾頭反而變小。牙齒變長，因此能夠嚼食比較硬的草。

當地球整體氣候變得乾燥又寒冷時，森林變少了，廣布著平原。從森林來到草原生活的馬的祖先，適應了在遼闊的草原裡迅速移動，或是逃離肉食性動物的攻擊，腳也演化變長了。牠們的趾頭數量變少，蹄變得大而有力，所以奔跑的速度才會變快。

現在

我們的同類
腳趾頭都只有一根喔！

大約 2840 萬年前

走路的方式
是不是很像大猩猩？

📎 **牠是這樣誕生的！**

馬（純種馬）

生存年代	現在
大小	肩高1.6～1.7m
食物	草、麥、蘋果等
分布地	世界各地

趾頭演化成1根的現代馬（野生馬）在1600年代孕育出比賽用的馬。也就是利用人工的方式幫跑得快的馬配種，培育出腳程更快的賽馬。

📎 **牠是這樣誕生的！**

番外篇 爪獸

生存年代	新生代古近紀（漸新世）～新近紀（上新世）		
大小	肩高1.8m	食物	樹葉
分布地	歐亞大陸，非洲		

雖然不是馬的直屬祖先，卻同為奇蹄目的動物。食用樹葉時會用前腳的鉤爪把樹枝拉近。據說行走時會握住拳頭，以免傷害爪子。

哺乳類
有甲目

犰狳以前……「尾巴」就像一把狼牙棒！

九帶犰狳

一察覺到危險就會把身體整個捲起來以保護自己的，就只有三帶犰狳這一屬的兩個物種。

背部的「甲殼」非常堅硬，據說連肉食性動物的銳利牙齒也無法咬破。

別看我小小隻的，防禦能力可是很厲害的喔！

牠是這樣誕生的！

以背部堅硬的「甲殼」來保護自己的肉身。這種甲殼稱為「鱗甲」，也就是用骨板或角質板來覆蓋身體。屬於夜行性生物，白天在巢穴裡睡覺，到了晚上就會出來活動。視力因為退化而幾乎看不見東西，不過**嗅覺發達**，能夠循著氣味找尋食物。屬於雜食性動物，以白蟻、蚯蚓與蜥蜴等為食。

生存年代	現代	大小	體長40㎝	食物	昆蟲、小動物與樹果等	分布地	北美洲南部到阿根廷

一般認為犰狳的祖先在距今約5600萬年前於南美誕生。過去有不少全長達4公尺、體型龐大的犰狳，但是這些巨大犰狳卻已全數滅絕。現在的犰狳以小型居多，就算是體型最大的巨犰狳，全長也不過1.5公尺。

約**258**萬年前

昔

星尾獸

長長的尾巴頂端有著無數的硬棘，可以當作榔頭甩動，保護自己。

明明擁有一個可媲美甲龍的無敵身體，怎麼會滅絕呢……

✎牠是這樣誕生的！

擁有一個龐大的身體、厚實的鱗甲，**尾巴宛如一把狼牙棒**的巨大犰狳。在哺乳類的歷史上，能夠利用最具優勢的「鱗甲」與「武器」全副武裝與肉食性野獸對抗的生物，但卻不敵環境變化，甚至慘遭人類捕獵而滅絕。如此情況說明了演化史無情的一面，**即便是強者，也未必能夠存活**。

| 生存年代 | 新生代第四紀（更新世） | 大小 | 全長4m | 食物 | 草、樹葉等 | 分布地 | 南美 |

今

哺乳類 食肉目 貓熊以前⋯⋯ 是「肉食性動物」!

大貓熊

▶相關：7頁

約 1100 萬年前

貓熊感受「美味」的能力
早在420萬年前就已經退
化了。這有可能是因為牠
們不再覺得肉好吃，所以
朝草食演化得來的結果。

我呢，每天至少要吃
10公斤的東西才行⋯⋯

貓熊的前腳有一塊演化
成類似拇指的骨頭，握
住竹子時可以派上用
場。而在食用竹子的過
程當中，前腳的構造也
跟著演化。

牠是這樣誕生的！

貓熊的祖先原本是「肉食性」，是為了避免與敵人爭食才變成「食用植物」
的，而在沒有敵人的深山裡演化成**以竹子為主食**。可惜牠們的腸胃並不適合
消化植物，因此吃下去的竹子只能消化兩成。為了攝取基本的營養素，牠們
一天有14個小時都在進食，除此之外的時間不是睡覺，就是在休息。

生存年代		大小		食物		分布地	
	現代		體長1.5m		細竹、竹筍		中國西南部的山岳林間

現在的貓熊主要吃細竹，不過牠們以前可是會食用其他動物的肉的動物呢。即便是今日，貓熊的牙齒與腸胃構造依舊比較接近肉食性動物，不太像是草食性動物。貓熊的演化仍有許多謎題待解，不過根據在西班牙發現的貓熊祖先，可以推斷牠們以前的模樣就像是體型較小的熊。

克氏貓熊 昔

這個時候的我還是雜食性動物，
不過口感較硬的植物也吃喔！

體型比當今的貓熊小，
體重約為60公斤，應
該相當會爬樹。

毛髮是什麼樣的顏色依
舊是個謎，但有可能與
貓熊一樣，為黑白相間
的圖紋。

牠是這樣誕生的！

時代最為古老的貓熊祖先。遺留的化石是在西班牙發現的，因此人們推測貓熊的祖先可能是從歐洲來到中國。詳細的生態充滿了謎題，不過從牙齒與下顎的化石，可以推斷出當時牠們已經能夠進食堅硬的植物，並且**從肉食性演化成雜食性**，然後再演化成連植物也吃得下去的生物。

生存年代	新生代新近紀（中新世）	大小	體長1m	食物	雜食性（較硬的植物也吃）	分布地	歐洲西南部的森林

哺乳類 披毛目 樹懶以前⋯⋯是「肌肉男」！

今 二趾樹懶

約500萬年前

能用長而銳利的爪子倒吊在樹枝上。

現在地球上的樹懶分為前腳鉤爪有兩根的二趾樹懶與三根的三趾樹懶這兩種。

▶相關：107頁

你看，
我們就是因為不起眼
才存活下來的喔⋯⋯

牠是這樣誕生的！

祖先原本是在地面上生活，之後演化成**適應樹上生活**的類群。屬夜行性生物，只要太陽一下山就會開始活動，**白天則一直在睡覺**。明亮時幾乎一動也不動，還會藏起來。躲避地上為了生存而競爭的生活方式，或許就是牠們存活下來的原因。看來起非常慵懶的模樣，其實是**相當精明的存活戰略**呢！

生存年代	現代	大小	體長60cm	食物	樹葉或果實	分布地	南美

過去地球上有一種生物叫做大地懶，以龐大的軀體在地面上四處行走。可是約在1萬年前，人類不僅來到牠們棲息的南美，還為了獵取肉類與皮毛而捕捉牠們，導致大地懶滅絕，只有體型較小的同類存活下來，成為今日的樹懶。

大地懶 昔

我們曾經用龐大的身體與爪子與人類大戰過喔！

前腳的鉤爪可以拉下樹枝，並用長長的舌頭捲食樹葉。

體長最高可達6公尺，能夠取食其他生物無法觸及的高大樹木上的樹葉。

📎 牠是這樣誕生的！

史上體型最大的樹懶。體型魁梧，體重可達3噸。生活在地面上，靠著粗壯的尾巴支撐身體，還能夠以雙腳站立。動作遲緩，不過厚實的毛皮卻和骨頭一樣堅硬*，尖銳的鉤爪還可以成為武器，**是就算被肉食性野獸襲擊也不會輸給對方的結實生物**，但卻無法勝過環境的變化以及武裝的人類……

生存年代	新生代新近紀（上新世）～第四紀（全新世）	大小	體長6m	食物	樹葉	分布地	南美

*毛皮底下覆蓋著一層與骨頭一樣堅硬的「皮骨」粒子。

變化太大
太驚人!!

驚人程度 ★★★ MAX

狗與貓以前

 貓（家貓）

 **約 5500 萬年前**

我們貓咪可是很會爬樹的，喵～

身體柔軟，出色的跳躍力讓貓可以跳到高處。而且就算從數公尺高的地方跳下來也能毫髮無傷，完美落地。

以體型來講，心臟與肺的比例偏大，和馬拉松選手一樣能夠長時間跑步。

 狗（家狗）

我們狗比較擅長跑步，汪！

50

⋯⋯是「同種動物」！

小古貓（細齒獸）昔

我們是你們的祖先喔⋯⋯

被視為是貓狗共同祖先的小古貓。體型類似今日的鼬與貂。

也曾有過這樣的時代

我們的祖先很久以前是在森林中的樹上生活的。聽說牠們擁有銳利的爪子，以捕食小鳥、鳥蛋，還有蜥蜴之類的動物物維生。牠們還真是厲害，都不會從樹上掉下來⋯⋯什麼？我們的祖先與貓的祖先是一樣的！那可真是讓人大吃一驚呢，汪！

要和大家聊聊祖先的
汪兵衛大叔（家狗・公）

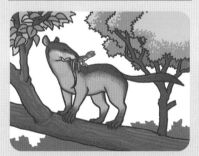

小古貓擁有貓狗兩方的特徵，例如和貓一樣可以捕捉獵物的銳利鉤爪，以及與狗類似的腰骨等。

狗與貓
是這樣演化的！

遷徙到草原的演化成狗，
留在森林裡的演化成貓！

那我要選哪一條路呢？

森林

草原

5500
萬年前

3500
萬年前

是不是變得有點像狗了呢？

📎牠是這樣誕生的！

小古貓

生存年代	新生代古近紀（古新世～始新世）
大小	體長30cm
食物	鳥類或小動物等
分布地	北美、歐洲

應該是包括貓狗在內的「**食肉目**」動物的共同祖先。但與今日貓狗不同的是，牠們步行時腳跟會貼在地面上，所以就算爬到樹上，姿勢也能穩定下來。

📎牠是這樣誕生的！

黃昏犬

生存年代	新生代古近紀（始新世～漸新世）	
大小	體長40cm	食物 小動物等
分布地	北美	

推斷是小古貓的子孫演化而來、**最為古老的「犬科」**動物。不過長長的爪子與現在的狗截然不同，由此推測牠們應該也會爬樹。

狗與貓同為「食肉目」的動物。一般認為牠們的祖先應該是在森林中的樹上生活。據推測，離開森林來到草原生活的演化成狗的同類，而繼續留在森林裡的則是演化成貓的同類。

現在

抓老鼠這件事
就交給我們吧，喵～

我們長出了
銳利的獠牙喔，喵～

2500萬年前

現在

只要給我們食物，
我們就會保護你喔，汪！

📎 牠是這樣誕生的！

原貓（始貓）

生存年代	新生代古近紀（漸新世）
大小	體長60㎝
食物	小動物的肉
分布地	亞洲、歐洲

推斷是小古貓的子孫演化而來、**最為古老的「貓科」動物**。不過脖子與頭比現在的貓還要長。牙齒尖銳，因此猜測牠們應該會爬到樹上捕捉小動物來吃。

📎 牠是這樣誕生的！

貓（家貓）

生存年代	現在	**大小**	體長30～80㎝
食物	加工肉	**分布地**	全世界

馴養的**非洲野貓**。

狗（家犬）

生存年代	現在	**大小**	體長30㎝～1.3m
食物	雜食	**分布地**	全世界

馴養的**野狼**。

烏龜以前······

今 綠蠵龜

約2億2800萬年前

長達一公尺的
龜殼是我們的驕傲喔!

堅硬無比的龜殼在保護自己時能派上用場,據說還有儲藏必要養分的功能。

雖然在海裡生活,卻無法像魚那樣在水中呼吸,要偶爾露出頭,吸口氣。

也曾有過這樣的時代

要和大家聊聊祖先的
龜吉三世(綠蠵龜・公)

我們的龜殼是肋骨在發育時變得扁平,結果與脊椎黏在一起而來的。上面覆蓋著一層堅〜硬的「鱉甲」,所以才會形成這片結實牢固的甲殼。這位祖先雖然沒有甲殼,但是卻有「快要變成」龜殼的肋骨喔。你看看牠的臉還有那個喙部。正是這張龜臉證明牠就是我們的祖先喔〜

沒有「龜殼」！

背部與腹部都沒有甲殼，卻有一個彷彿被渾圓的龜殼覆蓋全身的軀體。

討厭～人家我
還沒有什麼防衛措施啦～

和現生烏龜一樣擁有喙部。

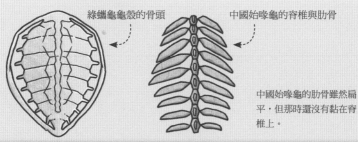

綠蠵龜龜殼的骨頭

中國始喙龜的脊椎與肋骨

中國始喙龜的肋骨雖然扁平，但那時還沒有黏在脊椎上。

55

烏龜
是這樣演化的！

超級演化的骨頭變成堅硬的龜殼！
有助於防禦敵人、保護自己！

2億2000萬年前

2億2840萬年前

剛開始沒有龜殼喔～

哎呀？只有肚子出現甲殼！

牠是這樣誕生的！

中國始喙龜

生存年代	中生代三疊紀
大小	全長2.5m
食物	？？？
分布地	中國

最早期的龜類祖先。**沒有龜殼**，但嘴形與現在的烏龜一樣呈喙狀。現在烏龜的牙齒已經退化了，不過牠們卻擁有尖銳的牙齒。

牠是這樣誕生的！

半甲齒龜

生存年代	中生代三疊紀
大小	全長40cm
食物	肉食
分布地	中國

似乎**只有腹部有甲殼**，是比較原始的烏龜。腹部先演化出甲殼的原因，應該是為了保護自己在水中能夠防禦從下方來的敵人。嘴巴不是喙狀，有長牙。

烏龜的祖先是與恐龍在同一時期從爬蟲類演化而來。牠們的龜殼是在經歷了一段驚人的演化過程之後，讓身體的骨頭慢慢變形而成。得到厚硬外殼後的龜類在世界各地增加了不少同類，有的在陸地上生活，有的在水中生活，有的則是水陸兩地來去自如。

現在

烏龜的魅力，
果然是身上的龜殼！

7500
萬年前

哎呀……身體長得
跟鯊魚一樣龐大了！

牠是這樣誕生的！

古巨龜

生存年代	中生代白堊紀
大小	全長4m
食物	菊石等
分布地	北美

史上體型最大的巨大海龜，**前後腳都演化成與魚鰭一樣的形狀**，前鰭展開的寬度甚至可達5m。一般認為能用碩大的下顎將菊石咬碎再進食。

牠是這樣誕生的！

綠蠵龜

生存年代	現在
大小	全長1.5m
食物	海草、藻類
分布地	太平洋、大西洋、印度洋

現在地球上體型最大的海龜。幼龜以螃蟹與水母為食，成龜則是食用海草。母龜每次會在海岸邊產下80～150顆卵。孵化之後破殼而出的幼龜會又再次回到海裡。

鯊魚以前⋯⋯

今 食人鯊

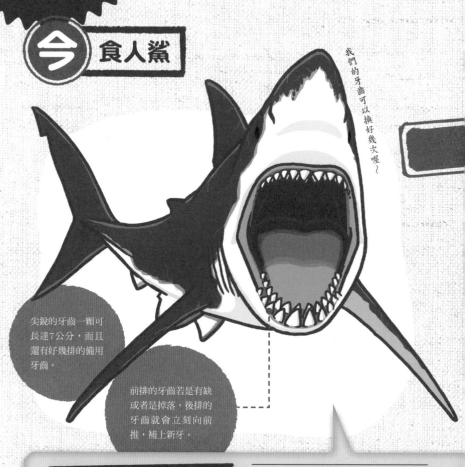

我們的牙齒可以換好幾次喔～

尖銳的牙齒一顆可長達7公分，而且還有好幾排的備用牙齒。

前排的牙齒若是有缺或者是掉落，後排的牙齒就會立刻向前推，補上新牙。

也曾有過這樣的時代

要和大家聊聊祖先的
鯊魚先生（食人鯊・公）

我們的皮膚呢～簡直粗到可以拿來磨蘿蔔泥！你問我為什麼？**因為我們的魚鱗材質跟牙齒一樣呀。所以說，我們全身就像長滿牙齒，硬得不得了。**不過我要告訴你，我們的祖先更厲害，是牠們讓背部的魚鱗演化的喔～**因為牠們身上長滿了跟獠牙一樣銳利的尖刺！**

背上長了「牙齒」！

約**3**億**5000**萬年前

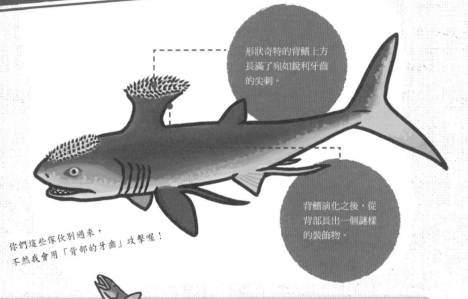

形狀奇特的背鰭上方長滿了宛如銳利牙齒的尖刺。

背鰭演化之後，從背部長出一個謎樣的裝飾物。

你們這些傢伙別過來，
不然我會用「背部的牙齒」攻擊喔！

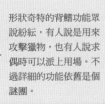

凹嗚！

形狀奇特的背鰭功能眾說紛紜，有人說是用來攻擊獵物，也有人說求偶時可以派上用場。不過詳細的功能依舊是個謎團。

59

鯊魚是這樣演化的!

骨頭柔軟,外皮堅硬! 攻擊能力日益精進,稱霸海洋!

3億5000萬年前

我們的時代終於來了~

常有人說我們像皺鰓鯊。

▶相關:113頁

3億7000萬年前

牠是這樣誕生的!

裂口鯊

生存年代	古生代泥盆紀
大小	全長2m
食物	肉食
分布地	美國一帶

時代相當古老的鯊魚祖先。宛如導彈的流線型身軀有著碩大的胸鰭與尾鰭,體型與現代鯊魚相當接近。不過牙齒一旦有缺就不會再長牙替換。

牠是這樣誕生的!

砧形背鯊

生存年代	古生代石炭紀
大小	全長70㎝
食物	肉食
分布地	北美、歐洲一帶

石炭紀是鯊魚一族繁榮興盛的時代。據說當時的魚類約有70%都和鯊魚同屬一類,所以才會有這麼多鯊魚和砧形背鯊一樣,**演化出獨特的模樣**。

魚大致可以分為兩類，那就是具有堅硬骨頭的「硬骨魚類」，以及骨頭較軟的「軟骨魚類」。鯊魚屬於軟骨魚類，最為古老的同類大約在4億年前出現，之後長出能夠替換好幾次的銳利牙齒，以及與牙齒相同材質的堅硬魚鱗等，演化出強壯的身體。

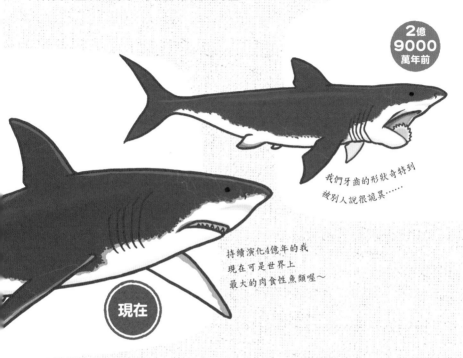

2億
9000
萬年前

我們牙齒的形狀奇特到
被別人說很詭異……

持續演化4億年的我
現在可是世界上
最大的肉食性魚類喔～

現在

✎ 牠是這樣誕生的！

食人鯊

生存年代	現在
大小	全長6m
食物	海豹、海龜、魚等
分布地	世界各地

頭頂有個名為「羅倫茲壺腹」的感應器，能感知動物發出的微弱電流，在黑暗中也能掌握獵物，是**魚類中能力最強的獵人**，不過似乎不太願意與虎鯨打鬥。

✎ 牠是這樣誕生的！

番外篇 旋齒鯊

生存年代	古生代二疊紀		
大小	全長3m	分布地	世界各地
食物	菊石等？		
分類	軟骨魚類全頭亞綱		

下顎長了一圈又一圈的鋸齒，與銀鮫同類*。到目前為止只挖掘到牙齒與下顎的化石，至於這樣的牙齒要怎麼進食依舊充滿謎題，讓人摸不著頭緒！

*從鯊魚與虹魚的類群走不同路線，成為屬於全頭亞綱的魚類。

爬蟲類
有鱗目

蛇以前……
有長「腳」！

今
日本鼠蛇

就算沒有腳，我們照樣可以
爬上樹、在河裡游泳喔！

只要用舌頭接觸空氣或
地面，就能夠感受到獵
物的氣味。嘴巴張開的
幅度比身體還要寬，能
夠將捕捉到的獵物整個
吞下去。

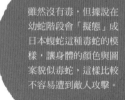

雖然沒有毒，但據說在
幼蛇階段會「擬態」成
日本蝮蛇這種毒蛇的模
樣，讓身體的顏色與圖
案貌似毒蛇，這樣比較
不容易遭到敵人攻擊。

牠是這樣誕生的！

腳完全退化消失，不過擁有發達的脊椎骨與鱗片。人類的脊椎骨大約有30
塊，但是蛇的**脊椎骨卻超過200塊**。柔軟的身體可自由捲曲，隨意移動到各
種地方。腹部兩側的鱗片有許多細小的突起物，能夠代替腳勾住物體，在樹
木或牆壁上攀爬。

生存年代	現代	大小	全長2m	食物	老鼠或鳥類等	分布地	日本各地的山林與農地

蛇過去是從蜥蜴的同類演化而來的。起初有四隻腳，但在適應岩縫生活之後，前腳與後腳反而退化，形成今日的模樣。最早的祖先出現的時代至少在1億5000萬年以前。現在蛇類已經超過3000種，在這世界上不管是森林、沙漠、海洋還是河川，適應完全不成問題。

昔

厚脊蛇

約9500萬年前

後肢還留著，但是超級細小！

以細小的後肢為特徵。生活在淺海裡，為海蛇的同類。

✐牠是這樣誕生的！

根據推測，蛇的祖先最早是先讓身體演化成長條形，之後再依序讓前肢與後肢退化。厚脊蛇雖然沒有前肢，**卻保有些許後肢**。而且近年的研究還指出在這7000萬年間，有的蛇依舊將後肢保留下來，可見這細小的後肢應當是有利生存的。

生存年代	中生代白堊紀	大小	全長1.5m	食物	肉食（魚蝦等？）	分布地	以色列周圍的海洋

兩棲類
無尾目

青蛙以前⋯⋯
會吃「恐龍」！

今 日本樹蟾

我最喜歡吃
蚱蜢啦，
還有蜘蛛之類的生物！

約7000萬年前

身體的顏色會根據周圍的環境變成黃綠色或者是褐色的斑點圖案。冬天會鑽進昏暗的地面裡冬眠，身體也會出現褐色斑點。

只有雄蛙會叫。只要讓喉嚨部位的「鳴囊」鼓起來，就能讓聲音變得響亮。藉由鳴叫聲來呼叫雌蛙，或者主張自己的領域。

牠是這樣誕生的！

青蛙是從兩棲類的祖先演化而來的。特徵是**幼小（蝌蚪）時期在水中，一旦成長就會轉移到陸地生活**。蝌蚪沒有手腳，因此游泳時會搖擺鰭狀的尾巴。在成長的過程當中會冒出後肢與前肢，尾巴則是會消失。包含日本樹蟾在內，現在全世界的青蛙大約有6500種。

生存年代	現代	大小	體長4cm	食物	昆蟲或蜘蛛等	分布地	日本、中國、韓國

青蛙等的「兩棲類」是從可以在陸地上生活的魚類演化而來的。以兩棲類為首的四足動物的腳，是從魚鰭變化而來的。至於青蛙最為古老的祖先，則是大約在2億5000萬年以前由兩棲類的祖先演化而誕生的。雖然後肢發達，擅長跳躍，但是尾巴卻已經退化了。

惡魔角蛙屬名「Beelzebub」，意思是「惡魔的青蛙」。

惡魔角蛙 昔

我們很貪吃，獵物再怎麼大，還是會一口吞下去喔！

牠是這樣誕生的！

與恐龍生活在同一個時代、史上體型最大的青蛙。據說有的體型相當龐大，體重甚至可達4.5公斤。推測與現在的角蛙相近，並且和牠們一樣會埋伏捕捉獵物，整個吞食。擁有銳利的牙齒與堅硬的下顎，甚至有人說牠們會捕食剛破殼而出的幼小恐龍。

生存年代		大小		食物		分布地	
中生代白堊紀		體長40cm		幼小的恐龍等？		馬達加斯加	

鳥兒以前……
是「恐龍」！

今 安地斯神鷲

尖銳碩大的喙部能夠撕裂動物的皮，啄食身體的肉。牠們總是在沿海地區旋飛，從上空尋找海豹等動物的屍體。

能在天空翱翔果然是天下第一！

具有最大翅膀的現存鳥類。左右翅膀展開之後的寬度可長達3公尺。

約 **6600** 萬年前

也曾有過這樣的時代

要和大家聊聊祖先的
神鷲哥（安地斯神鷲・公）

聽說我們鳥類的祖先是從「虛骨龍類」這個類群的恐龍演化而來的。為了保暖而長出的羽毛演化成翅膀，因而能在天空飛翔。就連鼎鼎大名的暴龍前輩也是屬於虛骨龍類喔。所以有人說，搞不好牠們身上也曾經長滿羽毛呢！

要是暴龍身上有長羽毛的話，那麼極有可能是長在從後腦勺一直延伸到背部的其中一段。

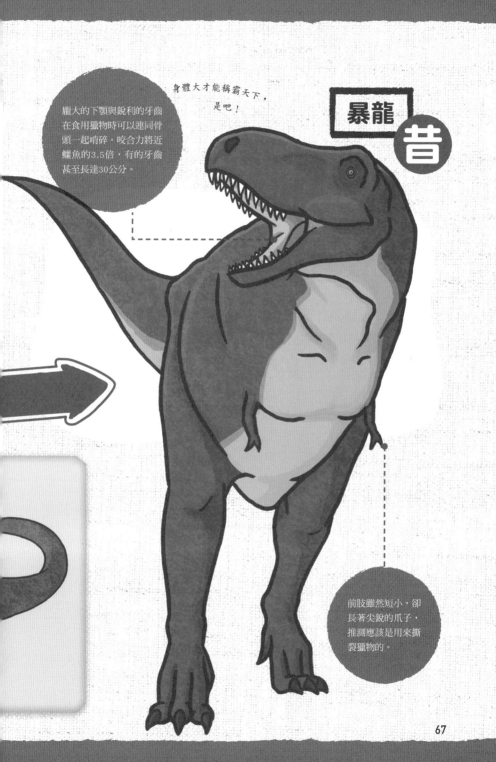

龐大的下顎與銳利的牙齒在食用獵物時可以連同骨頭一起啃碎。咬合力將近鱷魚的3.5倍，有的牙齒甚至長達30公分。

身體大才能稱霸天下，是吧！

暴龍
昔

前肢雖然短小，卻長著尖銳的爪子，推測應該是用來撕裂獵物的。

鳥兒 是這樣演化的！

身體的羽毛演化成翅膀，能夠在天空飛翔！

長出的羽毛蓬鬆柔軟，很溫暖喔～

1億 3000 萬年前

7500 萬年前

雖然是翅膀，但是卻和鴕鳥一樣，飛不起來啦。

牠是這樣誕生的！

中華龍鳥

生存年代	中生代白堊紀
大小	全長1m
食物	小動物的肉或昆蟲等
分布地	中國

在化石上發現的羽毛痕跡足以證明恐龍曾經長有羽毛。中華龍鳥全身覆蓋著長約5公釐的橘色羽毛，尾巴則有條紋圖案。

牠是這樣誕生的！

嗜角竊蛋龍（偷蛋龍）

生存年代	中生代白堊紀
大小	全長3m
食物	雜食性（蛋或樹果等？）
分布地	蒙古

擁有和鳥類一樣的喙部與頭冠，也有一對翅膀，卻因體型過於龐大而無法在空中飛翔。坐的時候整個身體覆蓋著巢穴的原因，應該是為了**孵蛋**。

6600
萬年前

一般認為鳥類是從擁有羽毛的恐龍同類演化而來的。恐龍的羽毛是一部分的皮膚變化而來的，在保暖身體、與同伴溝通上似乎能夠派上用場。而能夠舒展從羽毛演化而來的那對翅膀，並且在空中自由翱翔的類群則是被歸為鳥類。恐龍滅絕之後，鳥類在世界上的同類增加，到現在約有1萬種。

可以自由在空中飛翔很方便喔～

何必這麼在意我們身上有沒有長毛呢？

現在

牠是這樣誕生的！

暴龍

生存年代	中生代白堊紀
大小	全長12m
食物	動物的肉
分布地	北美

最大最強的肉食性恐龍。被認為可能長有羽毛。不過根據發現的鱗狀皮膚化石推測，就算長有羽毛，應該也只限於身體某一部分。

牠是這樣誕生的！

安地斯神鷲

生存年代	現在
大小	體長1.3m
食物	動物的屍體
分布地	南美

擁有大型翅膀的肉食性鳥類。只要展開宛如滑翔機的翅膀，就能夠利用風力在空中飛翔。會將巢築在斷崖上，幼鳥長大以前會與雙親一起生活，夫婦則是一生相隨。

人類以前……

今 人類（智人）

嘴角平坦，後側頭骨圓突，腦容量大，約始祖地猿的4倍！*

這就是我們人類的祖先？

約**440**萬年前

體毛稀薄，肌膚外露。推測是因為人類的祖先從森林來到平原四處找尋食物時，為了避免體溫過高而讓體毛退化而來的。

＊據說人類的大腦在10～12歲左右就會成長到與大人一樣大。現代人的腦容量約1350cc，而始祖地猿的大腦則推測約為350cc。

也曾有過這樣的時代

要和大家聊聊祖先的
小進（人類・小四男生）

很～久很久以前，**我們祖先好像是在森林裡生活的喔！**感覺跟黑猩猩很像，是吧？雖然可以用兩條腿走路，但據說想要長距離走路或跑步的話還是有點困難。牠們好像是**在樹上及地面上來回生活。**既然全身毛髮這麼濃密，那就不需要穿衣服，你不覺得這樣很輕鬆嗎？

全身「都是毛」！

我的臉雖然像猴子，卻可是用兩條腿在走路的喔！

手臂比人類的長，手指與腳趾也長。擅長爬樹或吊掛在樹枝上。應該能用兩條腿站立或走路。

嘴角前突，後側頭骨小，腦容量也小

應該和大猩猩一樣，全身都是毛。

找找看有沒有好吃的樹果吧～

腳的大拇趾長，適合在樹上生活。一般認為應該已經出現人類在從樹上轉移到地上生活過程中所擁有的一些特徵。

人類 是這樣演化的！

可以用兩條腿走路，用兩隻手製作工具！

440 萬年前

起先是住在森林裡的。

240 萬年前

我們好像開始試著製作石器了喔！

🖉 牠是這樣誕生的！

始祖地猿

生存年代	新生代新近世（上新世）
大小	身高120cm
食物	小動物的肉或樹果等
分布地	衣索比亞

曾經被挖掘出可以看出全身模樣的**化石、時代最為早期的人類祖先**。兼具爬樹等和黑猩猩一樣的類人猿特徵，以及用雙腳步行的人類特徵。

🖉 牠是這樣誕生的！

巧人

生存年代	新生代第四紀（更新世）
大小	身高100～135cm
食物	動物的肉或樹果等
分布地	坦尚尼亞、肯亞

懂得製作工具（石器），也就是擊碎石頭，將銳利的部分當作刀子來使用。也會利用石器割下動物的**皮，或者將其切成肉塊**，腦部演化的幅度相當大。

人類的祖先是從在森林生活的猿猴類演化而來的。最大的特徵就是「兩條腿能夠站立行走」，好讓兩隻手運用自如。因此人類不僅懂得製作「工具」，能吃的東西也變多了，大腦更是大幅演化。腦部一旦發達，就能夠透過「言語」將彼此之間的念頭與想法告訴對方，進而組成一個大集團，攜手合作，共同生活。

180萬年前

我們搞不好已經會用火來烹調了！

約20萬年前～

是的，我們已經會組成一個大集團，共同生活了。

牠是這樣誕生的！

直立人

生存年代	新生代第四紀（更新世）
大小	身高145～185cm
食物	動物的肉或樹果等
分布地	非洲、中國、印尼

懂得將石頭的兩面削尖，製作出**方便無比的石器（手斧）**。大腦演化又再向前跨進一步，應該懂得**用火烹調肉類**，以便攝取更多營養。

牠是這樣誕生的！

智人

生存年代	約20萬年前～現在
大小	身高160～180cm
食物	動物的肉或樹果等
分布地	世界各地

懂得集體合作，捕獲大型獵物，栽種作物，進行農耕。並且遍布全世界，組成龐大集團，共同生活，建造街道與國家，創造文明。**這就是我們「人類」的誕生！**

第2章

一比之下
不得了！

容貌不改

生物的風貌，幾乎沒改變過

有些生物的外觀在演化的過程當中大幅改變，

但是也有生物從很久以前到現在幾乎沒有什麼改變。

牠們的樣子與在古老地層發現的祖先化石

實在是太～像了，

所以有時候我們會把這些生物稱為「活化石」。

牠們的模樣為什麼有辦法

在這麼漫長的時間裡都沒有什麼改變，並且存活到今日呢？

就讓我們根據人類的歷史

來比較看看牠們的歷史究竟有多長吧！

如何閱讀本章

人類的祖先始祖地猿大約是在440萬年前（參照71頁）誕生的。與人類的歷史相比，這些被稱為「活化石」的生物歷史究竟有多久遠呢？就讓我們比較一下兩者的「出現年表」吧！

太驚人!!

在恐龍時代以前
就已經存在了……

※這一章介紹的生物出現年代，包含了與祖先相同系統的生物出現年代。

容貌不改
太驚人!!

驚人指數 ★★★★ MAX

鸚鵡螺竟然出現在5億年前！

出現
年表

5億年前

這裡

能夠利用囤積在殼裡的空氣在水中浮載浮沉地游移。同為頭足綱的墨魚與章魚所擁有的外殼則是在演化的過程中退化了。

4億年前

在海底悠哉生活
就是長壽的祕訣喔。

3億年前

2億年前

1億年前

人類誕生

現在

📋 所以才存活下來！

牠們的同類過去原本生活在淺海處，但是當具有堅硬下顎的魚及游泳速度快的菊石一出現，**爭不過對方的鸚鵡螺只好跑到深海裡**。6600萬年前，巨大的隕石撞擊地球，導致多數生物遭到滅絕，不過生活在深海的牠們卻能夠毫髮無傷地逃過一劫，並且存活至今日。

| 分類 | 頭足綱
鸚鵡螺目 | 大小 | 殼的直徑20cm | 食物 | 魚的屍體或螃蟹的空殼等 | 分布地 | 從印度洋到太平洋熱帶區域 |

＊鸚鵡螺同類出現的年代（古生代寒武紀）。

擁有和海螺一樣的外殼，但是卻和墨魚與章魚同類（頭足綱）。鸚鵡螺的歷史可以追溯到5億年前。剛開始牠們的外殼有的筆直，有的稍微捲一點。而外觀與今日幾乎相同的化石則是在2億年前的地層中挖掘到的。牠們的游泳速度緩慢，一週只要吃一頓魚的屍體就能夠活下去，過著節約能源的日子。

牠們會將吸進去的海水從漏斗這個孔吐出來，並且利用這股力道向後移動。墨魚及章魚也是利用相同方式在海中游移的。

過去稱霸海洋！
如今過著隱居生活……

\\ 不幸滅絕 //

鸚鵡螺的同學　菊石

生存年代 古生代志留紀～中生代白堊紀

早知如此，當初我們就應該住在深海裡的～

從鸚鵡螺走別條演化路線的另一物種，兩者算是親戚。從古生代起，有3億年的期間在全世界的海裡相當繁盛。無奈到**中生代末期與恐龍一起滅絕**。有別於鸚鵡螺，菊石雖然生活在競爭對手多的淺海地帶，但數量卻一直增加，到最後反而好像是因**隕石撞擊地球而滅絕**。

昔蜓竟然出現在 1.5億年前！*

出現
年表

5億年前

4億年前

3億年前

2億年前

這裡

1億年前

人類誕生

現在

我們已經習慣寒冷了，
所以很擔心地球暖化這個問題！

當今地球上
最原始的蜻蜓！

翅膀基部很細，4翼形狀相同，棲息時會併攏豎起，這就是原始蜻蜓（均翅亞目）的特徵。

所以才存活下來！

在約2萬年前的冰河時期廣布於亞洲的蜻蜓。當時牠們已經適應了寒冷的生活，所以才能夠在這段漫長嚴寒的冰河時期存活。但是當冰河時期一結束，氣溫開始變得溫暖時，卻因為跟不上氣候變化而在多數地區遭到滅絕。幼蟲只能在水溫低的溪流裡生活，因此現在僅能在日本的山岳地帶等找到蹤影。

分類	大小	食物	分布地
昆蟲綱蜻蛉目（不均翅亞目）	體長約5cm	水生昆蟲或小型昆蟲	北海道到九州的山岳地帶等

喙頭蜥竟然出現在2億年前！*

我們就是因為生活在平靜的島上所以才存活下來的！

身體適應寒冷，且體溫也不高，只有5℃～10℃。就算身在溫度不到10℃、其他爬蟲類受不了的環境，照樣活蹦亂跳。

擁有第三隻眼睛！
存活到現在的古代爬蟲類

動作遲緩，成長速度也慢；不過壽命長，據說至少可活一百年。

出現年表

5億年前

4億年前

3億年前

2億年前

這裡

1億年前

人類誕生

現在

📋 所以才存活下來！

在恐龍時代相當繁盛的爬蟲類，不過現在只存活在紐西蘭的無人島上。比其他的爬蟲類耐寒，加上**生活在鮮少有外敵入侵的離島上**，所以才能夠存活下來。頭頂上**有第三隻眼**，稱為「頂眼」，不過會隨著成長而被眼皮覆蓋。據說這是原始的脊椎動物所遺留的感光器官痕跡。

分類	爬蟲綱 喙頭目	大小	全長約60cm	食物	昆蟲或蜥蜴	分布地	紐西蘭離島

腔棘魚竟然出現在4億年前！*

出現
年表

5億年前

你們太沒有禮貌了！
我們還沒有滅絕耶？

4億年前

這裡

3億年前

2億年前

1億年前

人類
誕生

★

現在

所以才存活下來！

一般認為腔棘魚是由於現在生活的**深海裡，水溫與水質相當穩定，鮮少有外敵入侵**，加上不容易受到地面上的環境變化與生存競爭的影響，所以才能存活到今日。牠們擁有**帶骨的大型魚鰭**，據說這是魚類在演化成兩棲類等四足動物時的中間過程所出現的特徵。

| 分類 | 肉鰭魚綱
腔棘魚目 | 大小 | 全長1.8m | 食物 | 魚或墨魚 | 分布地 | 非洲東南部的深海 |

*腔棘魚同類出現的年代（古生代泥盆紀）。

過去腔棘魚的化石從未在白堊紀之後的地層中發現過，所以人們才會以為牠們在白堊紀末期隕石撞擊地球時遭到滅絕。但是1938年當人們知道南非某位漁夫偶然捕捉到的魚是腔棘魚時，這個消息簡直震驚了全世界！這在生物學史上可說是20世紀最為重大的發現。

到現在依舊存活的，是棲息在深海裡的腔棘魚後代。

原本以為已經滅絕，發現之後卻造成轟動!!

以擁有骨頭與關節的大型魚鰭為特徵。這片魚鰭可以前後活動，讓腔棘魚宛如步行在水中移動。

\\ 不幸滅絕 //

腔棘魚的同學 **三角龍**

生存年代 中生代白堊紀後期

我們是被可惡的大隕石給摧毀的……

腔棘魚的同類在全世界的海洋及河川中繁盛的**中生代**，是恐龍在地面**上繁榮無比的輝煌時代**，但萬萬沒想到中生代（白堊紀）末期竟然有隕石撞擊地球。除了演化成鳥類的同類，其他恐龍全部都遭到滅絕。而三角龍則是存活到恐龍時代末期的草食性恐龍之一。

蘇鐵與銀杏竟然出現在2億年前！*

出現
年表

5億年前

4億年前

3億年前

2億年前

這裡

1億年前

人類誕生

現在

在恐龍時代繁盛無比、算是銀杏的同學！

從前常常被草食性恐龍吃掉。

樹幹凹凸不平，樹葉堅硬無比。生長在岩石裸露的沿海地區。

 所以才存活下來！

蘇鐵類從古生代末期到中生代這段期間在世界各地相當繁盛。現在我們看到的蘇鐵根部棲息著一種名為「藍綠藻」的細菌（參照90頁），讓蘇鐵能夠大量吸收這種細菌製造的養分。正因如此，就算是生活在其他植物無法成長的土地上，蘇鐵照樣能夠增加同類，並且存活到今日。

分類	蘇鐵綱蘇鐵目（裸子植物）	大小	樹高2～4m	食物	陽光、水與二氧化碳（光合作用）	分布地	宮崎縣以南的九州、沖繩、台灣、中國大陸南部

地上植物的歷史，從原本生活在海洋裡、大約在4億5000萬年前來到陸地的「綠藻類」演化成「苔蘚植物」之後開始。緊接著綠藻類又孕育出身體構造更為複雜的「蕨類植物」，並且演化成能夠生成花朵與種子的「種子植物」。據說蘇鐵及銀杏今日依舊保有苔蘚類與蕨類等原始植物的特徵。

野生銀杏瀕臨滅絕！

過去同類多達17種，但是存活下來的只有一種。

聽說恐龍的肚子裡
曾經出現過
銀杏的化石喔（笑）

所以才存活下來！

銀杏在恐龍繁盛的中生代於世界各地增加了不少同類。但是卻在氣候變化以及與被子植物競爭生存時落敗，除了當今我們看到的種類，其餘的均在冰河時期以前滅絕。現在唯一一殘存的銀杏來自中國南部的亞熱帶山地，並且透過人類的雙手帶到世界各地，以栽種成行道樹的形式再次增加數量。至於**野生的銀杏則是成了瀕危物種，只見於中國。**

分類	銀杏綱銀杏目（裸子植物）	大小	樹高8～30m	食物	陽光、水與二氧化碳（光合作用）	分布地	中國浙江省、西天目山（野生種）

鴨嘴獸竟然出現在1億年前！*

闡述哺乳類起源的奇珍異獸！

出現年表

5億年前

4億年前

3億年前

2億年前

這裡

1億年前

人類誕生

★

現在

會產卵的哺乳類真的那麼稀奇嗎？

手上長了蹼，擅長游泳。

雖然產卵，卻能以母奶餵養寶寶的哺乳類動物。沒有乳頭，母乳是從腹部的「乳腺區」像汗水般滲出的。

📋 所以才存活下來！

由於是產卵，所以被認為是**最原始的哺乳類**。哺乳類過去是從**能夠產卵的「單孔類」**這個類群的動物演化而來的。而今日的鴨嘴獸則是難得保有當時這項特徵的動物。牠們的棲息地雖然有不少像袋鼠之類的敵手，但因生活在競爭對手較少的水邊，所以才能存活至今日。

分類	哺乳綱單孔目	大小	體長40cm	食物	水生昆蟲或甲蟲類、魚等	分布地	澳洲的河川與湖沼

*鴨嘴獸的同類出現的年代（中生代白堊紀）。
近年的基因研究指出，鴨嘴獸大約是在1億7000萬以前，從和人類擁有的共同祖先分支出來的。

鱟蟲竟然出現在 3.5億年前！*

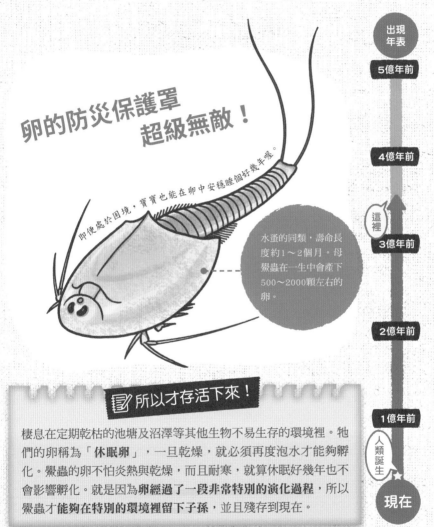

卵的防災保護罩
超級無敵！

即使處於困境，寶寶也能在卵中安穩睡個好幾年喔。

水蚤的同類，壽命長度約1～2個月。母鱟蟲在一生中會產下500～2000顆左右的卵。

出現
年表

5億年前

4億年前

3億年前

這裡

2億年前

1億年前

人類誕生

現在

所以才存活下來！

棲息在定期乾枯的池塘及沼澤等其他生物不易生存的環境裡。牠們的卵稱為「**休眠卵**」，一旦乾燥，就必須再度泡水才能夠孵化。鱟蟲的卵不怕炎熱與乾燥，而且耐寒，就算休眠好幾年也不會影響孵化。就是因為**卵經過了一段非常特別的演化過程**，所以鱟蟲才**能夠在特別的環境裡留下子孫**，並且殘存到現在。

分類	鰓足綱 背甲目	大小	體長2～3㎝	食物	海藻、浮游生物、動物屍體	分布地	全世界的池塘與沼澤地

＊與現生種相似程度非常高的化石所屬的年代（古生代石炭紀）。
而被認為是現生種的化石則是在2億年前（中生代三疊紀）的地層中發現。

三棘鱟竟然出現在4.5億年前！*

5億年前

這裡

4億年前

3億年前

2億年前

1億年前

人類誕生

現在

我們的血液可以用來研發藥物喔！

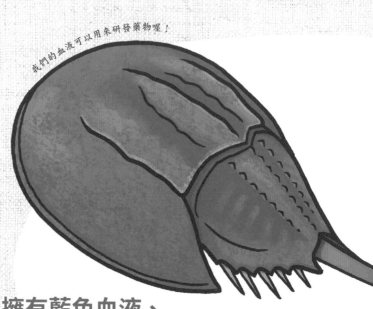

擁有藍色血液、可以拯救許多人的性命！

 所以才存活下來！

三棘鱟的血液具有防止細菌入侵的特殊力量。牠們的卵受到堅固的膜保護而且耐乾燥，可以讓子孫在安全的環境之下孵化。不僅如此，牠們還能不吃不喝地在海底休眠至少半年。**擁有許多適應嚴峻環境的能力**，應當就是牠們能夠存活至今日的理由之一吧。

分類	肢口綱 劍尾目	大小	全長70cm	食物	沙蠶、貝類	分布地	亞洲、北美的潮間灘地

*三棘鱟同類出現的年代（古生代奧陶紀）。
與現生種幾乎毫無差異的中華化石則是在2億年前的地層中發現的。

▶相關：148頁

三棘鱟是在距今約5億年前的古生代這個時期相當繁盛的「三葉蟲」演化而來的。▶相關：149頁 三葉蟲的同類雖然在古生代末期遭到滅絕，不過三棘鱟卻能存活至今日，並且經由醫療藥物的開發來拯救我們人類的性命。

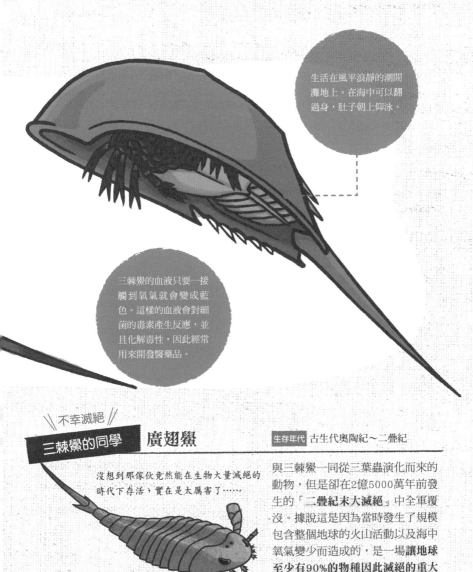

生活在風平浪靜的潮間灘地上。在海中可以翻過身，肚子朝上仰泳。

三棘鱟的血液只要一接觸到氧氣就會變成藍色。這樣的血液會對細菌的毒素產生反應，並且化解毒性，因此經常用來開發醫藥品。

＼＼不幸滅絕／／
三棘鱟的同學　廣翅鱟

沒想到那傢伙竟然能在生物大量滅絕的時代下存活，實在是太厲害了……

生存年代 古生代奧陶紀～二疊紀

與三棘鱟一同從三葉蟲演化而來的動物，但是卻在2億5000萬年前發生的「二疊紀末大滅絕」中全軍覆沒。據說這是因為當時發生了規模包含整個地球的火山活動以及海中氧氣變少而造成的，是一場讓地球至少有90%的物種因此滅絕的重大事件。

盲鰻竟然出現在 5億年前！*

連鯊魚也會被擊退！

滑滑溜溜的黏液

頭部下方的圓嘴並沒有上下顎之分。這就是「無顎綱」，最為原始的魚類所擁有的特徵。

只要一感受到壓力，位在皮膚的黏液孔就會在一秒之內分泌出多達1公升的黏液。

我們是也可以炒來吃的活化石喔☆

出現年表

5億年前

這裡

4億年前

3億年前

2億年前

1億年前

人類誕生

現在

所以才存活下來！

盲鰻大多數的同類都棲息海底深處。一般認為應該是海底環境鮮少變化，有利存活。牠們還演化出只要一遭到敵人襲擊就會分泌黏液以保護自己的特殊能力。這項能力應當也有助於生存，因為黏液一旦進入口中或鰓中，就會無法呼吸，所以只要盲鰻一反擊，就算是鯊魚，也會落荒而逃。

分類	大小	食物	分布地
圓口綱盲鰻目（無顎綱）	全長60cm	魚的屍體等	東亞地區的海底

舌形貝竟然出現在5億年前！*

▶相關：149頁

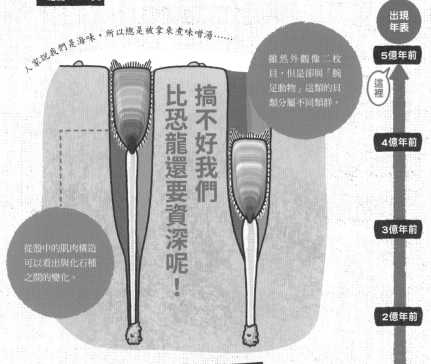

人家說我們是海味，所以總是被拿來煮味噌湯……

雖然外觀像二枚貝，但是卻與「腕足動物」這類的貝類分屬不同類群。

搞不好我們比恐龍還要資深呢！

從殼中的肌肉構造可以看出與化石種之間的變化。

出現年表

5億年前 ← 這裡

4億年前

3億年前

2億年前

1億年前 ← 人類誕生

現在

所以才存活下來！

舌形貝棲息的**潮間灘地**非常容易受到潮汐漲退以及水溫變化影響。加上能夠適應這種特殊環境的生物非常有限，所以**鮮少有競爭對手與外敵入侵，在存活上非常有利**。牠們的同類在古生代舉世繁盛，但是日本所見的舌形貝，也就是鴨嘴海豆芽現在卻正在銳減當中，已經被列為近危物種了。

 分類 舌形貝綱舌形貝目（腕足動物）

 大小 殼長4㎝

 食物 浮游生物、生物的屍體

 分布地 日本本州到印度洋的泥沙地

※參考鴨嘴海豆芽的資料。＊包含舌形貝同類在內的腕足動物出現年代（古生代寒武紀）。

藍綠藻竟然出現在25億年前！*

告訴你們，現在地球之所以會存在，搞不好是我們的功勞喔……

帶給地球氧氣的生命之母！

📝 所以才存活下來！

在極為早期的階段便能從**陽光、水與二氧化碳中得到能量，吐出氧氣，也就是進行「光合作用」**的細菌。光合作用的材料在當時相當充足，加上它們還擁有能夠在沙漠及深海等存活的非常強的生命力，才會繁盛超過25億年。當今普遍存活在海洋與河川等水裡，以及動物與植物體內等**自然界之中**。

分類	細菌類	大小	直徑0.005mm	食物	陽光、水與二氧化碳（光合作用）	分布地	全世界（海水、淡水、地底、冰上等）

*藍綠藻的發生年代眾說紛紜，但以大約25億年前或者是更早為通論。

藍綠藻為細菌的同類，是歷史最為悠久的生命之一。距今超過25億年前的地球幾乎沒有氧氣，只有吸取二氧化碳存活的微生物。但是自從藍綠藻出現，進行「光合作用」之後，大量的氧氣開始排出於大氣之中，讓地球的環境因此產生劇烈變化。這個契機促使以吸收氧氣維生的生物誕生，並且構成龐大而且複雜的身體，最後演化成今日如此豐富多樣的生物。

▶相關：145頁

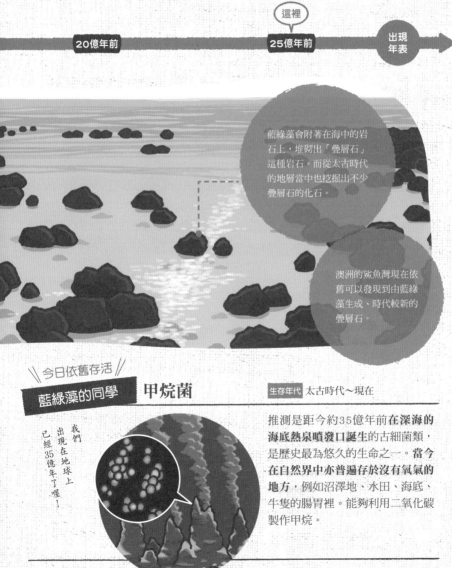

20億年前

這裡
25億年前

出現
年表

藍綠藻會附著在海中的岩石上，堆砌出「疊層石」這種岩石。而從太古時代的地層當中也挖掘出不少疊層石的化石。

澳洲的鯊魚灣現在依舊可以發現到由藍綠藻生成、時代較新的疊層石。

\\ 今日依舊存活 //

藍綠藻的同學　甲烷菌

生存年代 太古時代～現在

我們出現在地球上已經35億年了喔！

推測是距今約35億年前**在深海的海底熱泉噴發口誕生的古細菌類**，是歷史最為悠久的生命之一。**當今在自然界中亦普遍存於沒有氧氣的地方**，例如沼澤地、水田、海底、牛隻的腸胃裡。能夠利用二氧化碳製作甲烷。

\一比之下不得了！/

生物 超強的多樣性

同樣都是生活在莽原的生物……

生活

日 白天的莽原

獅子
白天在樹蔭底下休息。這段時間比較少去狩獵。

非洲水牛
過著啃啃野草、享受泥浴的生活。

非洲象
一邊吃草一邊移動。一天移動的距離長達30公里。

尼羅鱷
在岸邊曬太陽，暖暖身體。

河馬
一直待在河裡，因為皮膚曬到太陽會變乾。

一望無際的非洲莽原棲息著各種各樣的生物。在這**陽光炙熱的白天**之下，有的會躺在樹蔭底下或者是水邊休息，有的則是到處活蹦亂跳。**每種生物的行為都不一樣**。

現在地球上的生物總共超過870萬種。這些生活在地球上的生命自古便在各地演化成擁有各種特徵的生物。就算是生活在同一個地區的生物，個性也是包羅萬象，各有不同。其實只要試著比較牠們在白天及夜晚所採取的行動，就能夠看出牠們到底有什麼不一樣！

方式卻截然不同！

晚上的莽原 夜

非洲象
幾乎都是站著睡覺。睡眠時間約2小時。

非洲水牛
會站著睡覺。比較淺眠，以便隨時注意敵人是否來襲。

河馬
會來到陸地上吃草。黎明時分再回到河裡。

尼羅鱷
會為了食物襲擊魚類及水邊的動物。晚上比較活躍。

獅子
母獅們彼此協助共同狩獵。公獅負責巡視地盤。

一到晚上，不少肉食性動物就會開始活動，準備狩獵。與炎熱的白天相比，在涼爽的夜晚狩獵比較不會消耗體力。另一方面，大多數的草食性動物則是會聚在一起睡覺，並且提高警覺，以免遭到肉食性動物襲擊。

\大家「都不一樣」/

所以才能共存！

同樣都是草食性動物……
食用的部分卻不一樣！

食用的都是生長在地面上的同一種草，不過吃的部分卻有些微不同，根本就不用擔心別人會來搶食。

斑馬
草的頂端

黑尾牛羚
草的中間

湯姆森瞪羚
草的根部

同樣都是肉食性動物……
狩獵的時間
卻不一樣！

獵豹在白天會以迅雷不及掩耳的速度來捕捉獵物。獅子則是在夜晚混入黑暗之中狩獵。由於活動時間不同，所以就算要捕捉同一種獵物，也不會為此搶破頭！

獵豹
明亮的白天

同樣都是生活在莽原的生物，但是生活方式為什麼會相差這麼多呢？其實這是演化的結果，這樣彼此才不會起衝突。只要大家都在不同的地方睡覺、吃不同的食物、在不同的時間活動，就不需要浪費時間爭搶。大家之所以能夠在同一個世界裡生活，就是因為每種生物都「都不一樣」。

同樣都是鳥類……
築巢的地方
卻不一樣！

禿鷲
懸崖
或樹上

將巢穴搭建在與其
他生物不同地方的
話，就能夠安心撫
養孩子了！

鴕鳥
草原的
地面上

紅鶴
鹽湖或潮
間灘地上

獅子
傍晚
至夜晚

多虧了生物的「多樣性」讓生命
更加豐富，這段歷史才能夠綿延
不絕地延續下去。既然大家的個性各有
不同，無論處於什麼時代，就一定會有
生物存活下去的！

\ 動物跟人類一樣！/

生物世界也有「社會」！

友情 老鼠會「報恩」！

上次謝謝你啦！
這是我的一點心意！

哎呀♥

溝鼠（大鼠）若是得到幫助，一定會將對方牢記在心，而且還「有恩必報」，例如向分享食物的夥伴道謝，或者幫助有困難的同伴，以加深彼此之間的情誼。可見老鼠的世界也是非常講求人情義理的。

戀愛 緞藍亭鳥 越懂得「布置」就越受歡迎！

我們家很美吧？
要不要進來參觀呀？

緞藍亭鳥的公鳥會蒐集母鳥喜歡的「藍色物品」，布置一個美麗的花園洋房。牠們會利用花瓣、樹果以及玻璃碎片將鳥窩布置地美輪美奐，然後再邀請母鳥來約會。聽說鳥窩裝飾地越美麗，就越能得到母鳥的青睞。

不僅如此，對生物而言，最重要的東西就是讓自己與同伴存活下來，同時增加更多子孫。所以許多生物都會群聚在一起，攜手合作，讓溝通手段演化，以便加深彼此之間的情誼。這種情況及舉動與我們人類非常類似。所以就讓我們來看看生物到底是生活在什麼樣的社會裡吧！

工作 灰狼會組成「團隊」進行狩獵！

灰狼在狩獵時會組成狼群，並且分工合作，集體將獵物包圍起來不停地追趕。等到獵物跑到精疲力盡時，負責「佯攻」的狼就會跑到前面堵住獵物的去路，讓首領完成致命的一擊。所以在狼的社會裡，團隊合作是「做好工作」的必備條件。

救命啊～

只要團隊合作
狩獵定能成功!!

育兒 棉頭狷猴的公猴是「奶爸」！

背孩子這件事
是我應盡的任務喔！

在亞馬遜雨林行樹上生活的棉頭狷猴通常是由父親將孩子背在後面扶養長大的。母猴每半年生產一次，因此公猴會在旁支援忙於生產的母猴，夫妻倆同心協力，讓整個家的感情更加融洽。

第**3**章

差異懸殊

明明是近親，
特徵卻千差萬別的生物

以母乳哺育寶寶的「哺乳類」、靠鰓呼吸，
同時還擁有魚鰭及魚鱗的「魚類」等生物，
可以依照特徵的不同分成好幾類。
但是，就算屬於同一類群，有時特徵反而差異甚大。
這是牠們為了各自過著不同生活，
特地配合環境演化而來的樣態與能力。
生物的模樣與生活方式
會因為演化而產生「多樣化」。
至於彼此之間的差異究竟有多極端，就讓我們來比較看看吧！

如何閱讀本章

就讓我們對照左右兩頁的內容，試著
比較這些明明同屬一個類群，但是
「特徵」卻極端不同的生物！看看牠
們有什麼不同、為什麼會不同，並且
一起思考讓牠們個別擁有這些特徵的
理由以及演化的祕密吧。

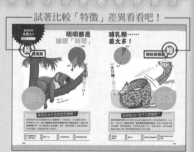

太驚人!!

同為鳥類，顏色卻差這麼多！

明明都是
睡眠「時間」

睡著

長

無尾熊

醒著

一天要睡20個小時！

無尾熊的盲腸非常長，腸道棲息著能夠幫助消化尤加利樹葉的細菌，肝臟更強壯，能夠分解尤加利樹葉的毒素。

多睡一點
這樣才能節省體力……

無尾熊為什麼老是在睡覺？

無尾熊食用的尤加利樹葉具有大量纖維質，不容易消化，而且還具有毒性，營養價值也不高。**吃下的樹葉必須要花好幾個小時才有辦法消化，再加上得到的熱量不多**，所以無尾熊才會這樣睡一整天。牠們能夠吃下其他生物無法食用的毒葉，這真的是相當大的演化。

分類	哺乳綱袋鼠目（雙門齒目）	大小	體長75cm	食物	尤加利樹葉等	分布地	澳洲東部的森林

哺乳類……
差太多！

睡著

醒著

一天只睡2個小時！

短
網紋長頸鹿

獅子要是趁我們睡覺的時候偷襲怎麼辦？

動物若是長時間一直醒著沒睡，腦子裡就會囤積「嗜睡物質」。但是據說長頸鹿、大象以及馬等動物的體質不容易囤積這種物質。

長頸鹿為什麼不太愛睡覺？

動物的睡眠時間取決於生活方式以及住處的安全性。野生長頸鹿平均一天只睡1～2個小時，**就算在休息，依舊會對周圍保持警戒**。再加上牠們幾乎都是站著睡，就算危險迫近，也能夠立刻逃之夭夭。但意外的是，成年的長頸鹿坐在地面上垂下頭的熟睡時間竟然只有20分鐘。

分類	哺乳綱偶蹄目	大小	體長4m	食物	相思樹之類的樹葉	分布地	撒哈拉沙漠以南的莽原

明明都是
飛翔「距離」

長

北極燕鷗

一年可以繞地球兩圈＊！

世界上移動距離最長的候鳥。一生中飛行的總距離長達240萬公里，幾乎可以從地球到月球來回飛三趟了。

來回地球！

我們一年可以飛8萬公里。平均一天飛222公里喔！

北極燕鷗為什麼這麼會飛？

因為牠們要追尋「夏天」，所以每年會在北極與南極間來回。地球北半球與南半球的季節是相反的，所以當北極夏天一結束，牠們就會往南極移動，並在那裡渡過夏天。北極燕鷗移動的距離之所以這麼長，推測應該是**為了避免與其他動物競爭、安全地撫養後代，同時確保充足的食物**才這麼做。

分類	大小	食物	分布地
鳥綱 鴴形目	體長36cm	小魚、小蝦或螃蟹	夏天的北極與南極

＊地球繞一圈的距離約4萬公里。北極燕鷗在飛的時候並不是直線飛行而是蛇行，由此可以看出牠們一年移動的距離將近8萬公里。

鳥類⋯⋯差太多！

只能飛2公尺遠！

沖繩秧雞 **短**

我們從來沒離開過這座島。

根本就懶得飛！

樓息在沖繩縣山原地區、幾乎不會飛的鳥類。近年來卻因為獴與野貓的增加而變成瀕危物種。

沖繩秧雞為什麼飛不遠？

牠們棲息的島嶼沒有天敵，根本就不需要飛上天空，逃到遠處。既然飛上天需要消耗這麼多的熱量，那麼**生活在不用飛也能夠過得安全的地方不是更有效率**？牠們晚上會停留在樹枝上睡覺，但是飛行的時候卻只是在這根樹枝上移動，而且高度只有2公尺，飛行的距離也不過10公尺。

 分類 鳥綱 鶴形目

 大小 全長30m

 食物 昆蟲、青蛙與樹果等

 分布地 沖繩縣北部

明明都是
游泳「速度」

快 雨傘旗魚

世界上游泳速度最快的魚。飆速游泳時雨傘旗魚會收起背鰭，以便減少水的阻力。而展開的背鰭還能夠有效嚇阻敵人呢。

25公尺長的游泳池？
1秒就游完了！

最高時數110公里！
比高速公路上的車子還要快

雨傘旗魚為什麼會游得那麼快？

那是因為在與對手相競捕捉獵物的時候，游泳速度稍快的一方便能夠存活下來的緣故。細長的流線型軀體能夠劃開水流，加快游泳的速度。衝入小魚組成的魚群時，尖銳的吻部只要一揮舞，就能夠在短時間內刺中獵物。而伸縮自如的背鰭更是在緊急煞車或轉彎時大顯身手的出色工具。

分類	條鰭魚綱 旗魚目	大小	全長3.3m	食物	魚或墨魚	分布地	南日本、外海表層

魚類……
差太多！

據說是世界最長壽的脊椎動物，而且壽命長達400年左右！不過近年來數量大為銳減，已經被列為瀕危物種了。

游泳的速度雖然慢，不過壽命長短可是不輸人喔！

平均時速1公里！
比爬行的小寶寶還要慢

太平洋睡鯊為什麼會游得那麼慢？

牠們棲息的地方是水溫冰冷到0℃左右的深海。**那裡沒有天敵，獵物也不多，因此以最省體力的方式悠哉生活才有利生存。**另外，生物只要體溫一下降，呼吸及動作就會變得緩慢，因此棲息在冰冷深海的太平洋睡鯊不僅是游泳速度慢，成長速度也不快，竟然要花上150年才能夠長大成人！

分類	軟骨魚綱 角鯊目	大小	全長5m	食物	魚或海豹等	分布地	包含北極海在內的 北大西洋

明明都是
吃飯「次數」

多

小鼩鼱

一天份

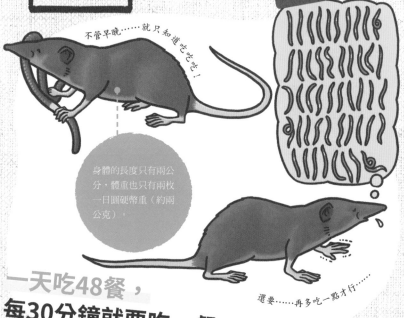

不管早晚……就只知道吃吃吃！

身體的長度只有兩公分，體重也只有兩枚一日圓硬幣重（約兩公克）。

還要……再多吃一點才行……

一天吃48餐，
每30分鐘就要吃一餐！

小鼩鼱為什麼這麼會吃？

哺乳類只要體型越小，體溫就會非常容易從身體表面散失，如此一來勢必要增加用餐次數才行。**為了避免體溫下降**，身為世界體型最小的哺乳類之一的**小鼩鼱就一定要不斷地從食物中攝取熱量才行**，所以牠們才會每30分鐘就進食一次，而且只要3個小時沒有吃東西就會餓死。

| 分類 | 哺乳綱真盲缺目 | 大小 | 全長5.3cm（包含尾巴的長度） | 食物 | 蚯蚓或蟲子 | 分布地 | 歐亞大陸北部、北海道的草地 |

哺乳類……
差太多！

住在體毛裡的蛾讓樹懶身上長了青苔。幸好有這些青苔，讓牠們得以躲避敵人，而且還能夠得到營養滿分的點心。

樹懶 少

不是因為懶惰。
這是獨屬於我們的生存戰略……

一天份

一天一餐，就只吃樹葉！

樹懶為什麼不怎麼吃？

因為牠們選擇了一個幾乎不會消耗熱量、可以節省體力的生活方式。樹懶一天進食的樹葉只要三片，這些吃下肚的樹葉會借助腸胃裡的細菌力量來慢慢消化。驚人的是，肚裡的食物**全部消化竟然需要50天**。一直都在樹上生活的牠們也會爬下樹來，但是只限一週一次的排泄時刻。

分類	哺乳綱 披毛目（貧齒目）	大小	體長60㎝	食物	樹葉	分布地	中美與南美的森林

明明都是
蛋的「大小」

大

駝鳥

大小跟足球一樣！

約20公分，1.2公斤！

↑

駝鳥蛋的重量相當於20顆雞蛋喔！

衝刺時速可達70公里，長距離奔跑的體力比肉食性動物還要充沛。踢的力道也不容小覷，就連鬣狗之類的野獸也能一腳踢飛。

駝鳥的蛋為什麼這麼大？

駝鳥祖先的體型比現在還小，還能夠在天上飛。但自從**恐龍這個競爭對手滅絕後，牠們就開始在地面上生活，身體也在演化的過程中變得龐大**。體型一變大，奔跑的速度就會變快，不易遭到肉食性動物襲擊。駝鳥蛋的尺寸之所以那麼大，原因就在於牠們體型大。母鳥通常一次可產下6～8顆蛋。

分類	大小	食物	分布地
鳥綱駝形目（走禽）	到頭頂的高度為2.4m	植物或昆蟲	非洲的莽原

鳥類……差太多！

比豆仁還要小！

約6.5公釐，0.3公克！

吸蜜蜂鳥 **小**

我們的體重約兩枚一日圓硬幣。生下來的蛋比一枚一日圓硬幣還要輕喔。

平均一秒可以快速振翅至少50次，和直昇機一樣可以在空中上下左右、前後盤旋。

吸蜜蜂鳥的蛋為什麼這麼小？

蜂鳥有將近350種，個個吸食不同種類的花蜜維生。特別是吸蜜蜂鳥所**吸食的花朵特別小，所以身體才會演化得如此嬌小，鳥蛋更是玲瓏**。花朵必須依靠蜂鳥來傳遞花粉，幫助繁衍，因此蜂鳥與花是在相輔相成的情況之下演化而來的。這樣的演化，稱為「**共同演化**」。

分類	鳥綱 雨燕目	大小	全長5cm	食物	花蜜	分布地	古巴森林

明明都是
「壽命長短」

（年）

牠們能將水分儲藏在體內，就算一年不吃不喝，照樣活得下去。

平均壽命超過100年！

結果壽命就變長了⋯⋯

日子過得太悠閒

加拉巴哥象龜為什麼壽命這麼長？

龜類老化速度原本就慢，壽命也長。當中的加拉巴哥象龜因為是生活在**敵人少、不愁吃喝的島嶼上**，所以壽命才會拉得這麼長。牠們棲息的加拉巴哥群島是海底火山噴發形成的孤島，只有偶爾跨海游到此處的生物才會留在島上生活，所以牠們的敵人與競爭對象其實非常少。

分類	爬蟲綱 龜鱉目	大小	龜殼大小為1.3m	食物	仙人掌等植物	分布地	南美加拉巴哥群島

爬蟲類⋯⋯差太多！

短短五個月的壽命在四足動物當中堪稱最短，而且還會配合當年的雨季及旱季週期，年年世代交替。

拉波德氏變色龍 **短**

可愛的兒子呀，我的精神會與你同在！

平均壽命**才五個月**！

（年）
— 100
— 90
— 80
— 70
— 60
— 50
— 40
— 30
— 20
— 10
— 0

拉波德氏變色龍為什麼壽命這麼短？

這是為了**配合氣候以便快速成長**演化而來的。牠們棲息的地區大約每半年就會經歷雨量豐沛的「雨季」以及鮮少下雨的「旱季」。在這長達7個月的旱季裡，可以當作食物的昆蟲不多，生存並不容易，所以牠們才會在這5個月的雨季裡出生，快速成長之後產卵，將生命託付給下一代之後再終其一生。

分類	爬蟲綱 有鱗目	大小	全長20～30cm	食物	昆蟲等	分布地	馬達加斯加西南部

明明都是
孩子「數量」

太平洋鱈魚

一次產下
500萬顆卵！

一般說的鱈魚卵是阿拉斯加鱈魚的卵，
不是我們的喔！

鱈魚的卵摸起來有點黏黏的，每一粒約1.3公釐。這些魚卵會沉在海底，沾上海沙，等待孵化。

太平洋鱈魚為什麼會產下這麼多卵？

每種生物都會儘量留下更多後代，所以生活在遼闊海洋的魚，才會拚命地生出數量能與身體大小和營養條件達到均衡的魚卵。像是**鱈魚、鮭魚與翻車魨這些棲息在大海的魚類產卵數往往非常多**。太平洋鱈魚每次產卵的數量約為數十萬至數百萬，而體長超過80公分的母魚生下的魚卵更多達500萬顆。

分類	條鰭魚綱 鱈形目	大小	全長1m	食物	蝦蟹、小魚與貝類等	分布地	日本海與北太平洋

魚類……
差太多！

一次只生5條！

皺鰓鯊 少

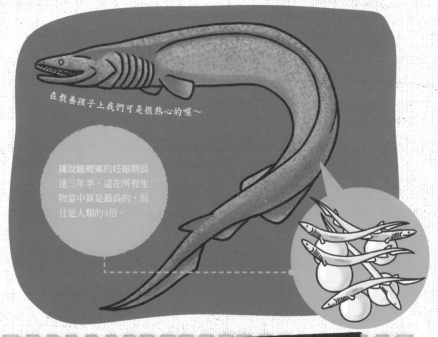

在教養孩子上我們可是很熱心的喔～

據說皺鰓鯊的妊娠期長達三年半。這在所有生物當中算是最長的，而且是人類的4倍。

皺鰓鯊為什麼產這麼少的寶寶？

因為皺鰓鯊媽媽要讓魚卵在肚子裡孵化。在長到40公分以前，肚裡的這些幼魚都會在母親的保護之下成長。這樣的生產方式叫做「（卵）胎生」。雖然每一次生下來的孩子數量少，卻能夠讓牠們成長到某個程度之後再生產，不僅能夠躲避敵人，也比較不容易遭到獵食，大幅提高了存活比例。

分類	軟骨魚綱 六鰓鯊目	大小	全長2m	食物	墨魚或魚等	分布地	世界各地的深海

明明都是
嘴巴「尺寸」

大 河馬

整個打開
有1公尺！

只要看了這張大嘴，獅子也會嚇得屁滾尿流！

1公尺

嘴巴整個撐開的角度為150度，獠牙可以長到60公分。咬合力1噸，嘴巴張開的幅度甚至可達1公尺。

河馬為什麼嘴巴這麼大？

河馬大大的嘴巴可以用來與敵人戰鬥，嚇阻對方，有助於保護自己與整個群體。牠們的領域意識非常強，每有敵人或其他河馬入侵，就會撐開嘴巴恐嚇；對方要是不肯退卻，就會露出獠牙，與對方大戰一場。河馬下顎的獠牙長，咬合力強到可以刺破鱷魚腹部，可見這張大嘴是牠們的**保命武器**。

分類	哺乳綱 偶蹄目	大小	體長4m	食物	草及樹葉	分布地	非洲的河川與沼澤

哺乳類……
差太多！

只有2公分的
櫻桃小嘴

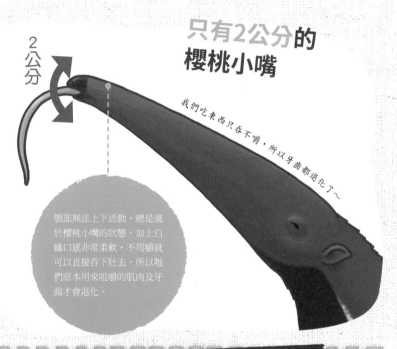

2公分

我們吃東西只吞不嚼，所以牙齒都退化了～

顎部無法上下活動，總是處於櫻桃小嘴的狀態。加上白蟻口感非常柔軟，不用嚼就可以直接吞下肚去，所以牠們原本用來咀嚼的肌肉及牙齒才會退化。

大食蟻獸為什麼嘴巴這麼小？

因為牠們的嘴巴已演化成可以吸食大量白蟻的最佳嘴形了。大食蟻獸會先用尖銳的鉤爪挖開白蟻的巢穴，將細長的口部前端伸入洞中後再伸出舌頭舔食白蟻。長達60公分的**長舌在1分鐘內可以伸縮160次，平均每天吸食的白蟻多達3萬隻**。在吸食巢穴中的白蟻時，細長的口部前端正好能派上用場。

分類	哺乳綱 披毛目	大小 體長1.1m	食物 螞蟻及白蟻	分布地 中南美的草原及濕地

明明都是
角的「大小」

大 駝鹿

2公尺

從左算到右
有兩公尺！

在對母鹿求偶時，公鹿的角能夠派上用場，而且年年換新。每年到了春天就會長出新的角，等到求偶結束的冬天到來時再整個脫落。

我們的角要夠大
這樣才能成為萬人迷……

駝鹿為什麼角會這麼大？

駝鹿就只有公鹿會長角，因為牠們是**靠角的大小與其他公鹿競爭勢力**。公鹿的角越大，就越容易得到母鹿的青睞，進而留下更多後代，所以牠們的角才會演化到這麼龐大。公駝鹿會為了奪取母駝鹿芳心而相競比較角的大小，若是無法靠外觀一決勝負，就會用角互撞來定高下。

分類	大小	食物	分布地
哺乳綱 偶蹄目	體長2.5～3m	樹葉、樹枝及水草等	亞洲、歐洲與北美

鹿……
差太多！

毛冠鹿 小

只有2公分！

2公分

只有公鹿在頭上會長出一撮看起來非常像瀏海的長毛。

我們聊男人是看獠牙的……

毛冠鹿為什麼角會這麼短？

毛冠鹿是較原始的鹿，而沒有角的公鹿則是靠獠牙來競爭誰比較強。在鹿的祖先當中，公鹿似乎是靠獠牙來決鬥定勝負。但是草食性動物並不需要獠牙，所以其他鹿才會演化成以只有在繁殖期才會生長的角來求偶。因此毛冠鹿可說是保留了祖先擁有的特徵。

 分類 哺乳綱 偶蹄目　 大小 體長110～160cm　 食物 樹葉　 分布地 東亞南部

明明都是「防禦能力」

硬

鱗足螺

在鐵質含量少的熱泉噴口處棲息的鱗足螺呈白色，不會擁有黑鐵的殼與鱗片。而且牠們身體特徵還會隨著分布地域的海水成分不同而改變。

用鐵殼與鱗片來保護身體！

有了鋼鐵般的盔甲，守備會更完善喔！

鱗足螺為什麼殼會這麼硬？

在演化的過程中，鱗足螺得到了在殼與身體的鱗片上覆蓋一層金屬的特殊能力。牠們是在海底深處熱水湧出之地（熱泉噴口處）生活的海螺。體內的微生物釋放的硫磺成分會與熱水中所含的鐵產生反應，讓身體表面形成黑色的「硫化鐵」鱗片。鱗片與外殼非常堅硬，用來保護身體實用無比！

分類	大小	食物	分布地
腹足綱熱液孔笠螺目	殼高3〜4cm	體內微生物製造的養分	印度洋中央的熱泉噴口處

貝類……
差太多！

從體內殘留的殼痕可以推測牠們的祖先曾擁有貝殼。而外殼已經退化的螺類還有海蛞蝓、裸海蝶（俗稱海天使）及蛞蝓。

海兔 **軟**

我們就算沒有殼，也是可以保護自己的！

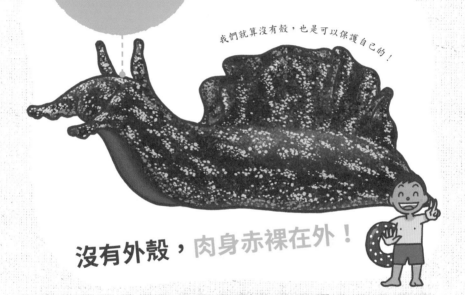

沒有外殼，肉身赤裸在外！

海兔為什麼沒有殼？

海兔在演化的過程中得到了分泌體液以追趕敵人的特殊能力。當快要被敵人吃下肚時，身體就會分泌出紫色體液以趕跑敵人。牠們雖然是海螺，不過**外殼已退化變小，只有痕跡遺留體內**。這種情況應當是背著貝殼的生活對身體造成太大的負擔，所以牠們才會演化成用其他方法來保護身體。

分類	腹足綱 無盾目	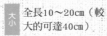大小	全長10～20㎝（較大的可達40㎝）	食物	石蓴之類的海藻	分布地	日本、韓國、台灣

明明都是
巢穴「大小」

大 草原犬鼠

巢穴入口處是一個崗哨，敵人一旦靠近，負責巡視的草原犬鼠就會發出叫聲，提醒家人危險來了。只要將各個家族的巢穴串連起來，就能夠組成一個名為「聚居地」的巨大巢穴。

（m）
30
25
20
15
10
5
0

整個聚居地的規模
可達1.3平方公里喔！

長達30公尺的
高樓大廈！

草原犬鼠為什麼巢穴這麼大？

因為牠們的家族成員每年都會增加，而且還會各自擴寬巢穴，打造自己的房間。草原犬鼠會以一隻雄鼠為中心，另外再搭配3～5隻的成年雌鼠，與其孩子共同組成一個名為「**群聚**」的家族團體。廣布在地底的巢穴宛如一個長達30公尺左右的迷宮，而且裡頭還有臥室、兒童房與廁所等。

分類	哺乳綱齧齒目（齧齒類）	大小	體長30㎝	食物	草、樹根及種子等	分布地	北美中央部的平原及高原

※參考黑尾草原犬鼠的資料。

齧齒類……
差太多！

只有 **10公分** 的雅房！

（m）
- 30
- 25
- 20
- 15
- 10
- 5
- 0

牠們會在距離地面1公尺高的地方將茅草編成巢穴來撫養後代。這樣的巢穴不僅通風良好，還不易遭受到蛇之類的天敵襲擊。

我們體型嬌小，所以雅房就夠用了！

巢鼠為什麼巢穴這麼小？

牠們的巢穴是**每個季節限家族使用的窩**。巢鼠通常棲息在河畔或農田旁的草地上。在春天至秋天這段育兒期間，牠們會將芒草、蘆葦與荻花等植物的葉子綁在草莖上編成一個窩。巢鼠雖然會在巢穴裡育兒，但只有自己的家人能使用，所以這個窩最好是小到不起眼，這樣才比較不會受到敵人侵襲。

 分類 哺乳綱齧齒目（齧齒類）

 大小 體長5～8cm

 食物 種子、穀物、果實及昆蟲等

 分布地 歐亞大陸、日本的草原及濕地

明明都是
棲息的海洋

深 鈍口擬獅子魚

超級深海

水深8000公尺的
超級深海！

在這個地盤上我們可是霸主呢。

擁有堅硬骨頭的硬骨魚類，不過全身的骨頭幾乎已經變成非常柔軟的軟骨，能夠承受相當於800個大氣壓的靜水壓，默默地在深海環境中生活。

鈍口擬獅子魚為什麼要住在這麼深的海裡呢？

在大洋等容易生活的海洋中，鮪魚等大型肉食性魚類相當繁盛，所以置身在這種環境的其他魚類，只好往不易生活的潮間灘地或深海遷移。而鈍口擬獅子魚是在適應了黑暗、冰冷又幾乎沒有食物的海底最深處這個環境後才好不容易存活下來的。這是一個不易棲息的環境，幾乎遇不到敵人或競爭對手。

分類	條鰭魚綱 鮋形目	大小	全長24cm	食物	鉤蝦等	分布地	太平洋西北部的馬里亞納海溝及日本海溝等

魚類……
「深度」差太多！

潮間灘地

大彈塗魚

水深0公尺的 潮間灘地！

我們只要動動胸鰭，就可以在地面上步行喔～

身體要是變得乾燥，就會沒辦法行皮膚呼吸，所以牠們偶爾會在水中打滾，好讓身體變得濕潤。

大彈塗魚為什麼不住在水裡呢？

牠們棲息的潮間灘地不管是水溫還是鹽分濃度，整個環境變化相當激烈，且非常容易遭到鳥類等敵人襲擊。因此被追趕到這裡的魚類通常都要**適應如此特殊環境才能存活**。牠們不僅和其他魚類一樣可用鰓來呼吸，還演化出能夠**以皮膚呼吸的身體**。只要身體沾濕，就算沒有泡在水中，照樣能生活下去。

分類	條鰭魚綱 鱸形目 蝦虎科	大小 全長18cm	食物 矽藻類	分布地 日本（有明海及八代海、朝鮮半島、中國、台灣

明明都是
「時尚品味」

華麗

紫胸佛法僧

其實這是「光學迷彩」！

顏色多達14種的
彩色羽毛！

鳥類的羽毛通常是羽毛本身的顏色，再加上其表面構造反射光線之後所呈現的顏色（結構色）組合而來的，所以色彩才會如此豔麗動人。

紫胸佛法僧為什麼這麼華麗？

紫胸佛法僧的羽毛固然亮麗，但身上的色彩在藏身時其實也能派上用場。例如展開藍色翅膀在空中翱翔時會與藍天融為一體；從正上方觀察褐色背部時卻又會與地面合而為一。鳥類**能夠看到人類看不見的「紫外線」**，所以這些顏色看在牠們眼裡說不定又是另外一種色彩。可見色彩是非常奧妙的。

分類	鳥綱 佛法僧目	大小	全長38㎝	食物	昆蟲、爬蟲類、魚等	分布地	非洲東部、中部及東南部

鳥類……差太多！

小嘴烏鴉　樸素

「喀～（你好）」「嘎、嘎、嘎（危險！小心！）」聽說烏鴉的叫聲至少可以分為40種，以便與同類溝通。

漆黑的模樣其實是為了瞞過敵人的視線！

全身清一色的黑！

烏鴉外表為什麼這麼樸素？

這樣比較好藏身，躲避敵人。**暗色在黑夜裡並不醒目，比較不易遭受到夜行性猛禽類**，如雕鴞等天敵**襲擊**。烏鴉在夜晚會與數百隻至數千隻同伴聚在一起睡覺，以混淆敵人。順帶一提，烏鴉羽毛在光線的照耀下其實會反射出青色或紫色的光，只有人類才覺得牠們身上的顏色樸素。

分類　鳥綱　雀形目　大小　全長50㎝　食物　果實、種子、蚯蚓、昆蟲等　分布地　歐亞大陸東部、日本各地

明明都是
體型「大小」

大
綠森蚺

我們比6個小學四年級的男生還要重喔！*

**體重200公斤，
全長9公尺！**

身體的直徑約30公分。不過母蛇的體型會比公蛇稍大。

綠森蚺為什麼體型這麼龐大呢？

一年四季棲息在溫暖熱帶地區的綠森蚺能在水中生活，所以不管身體有多龐大沉重，照樣活動自如。棲息在亞馬遜河流域的綠森蚺是**世上體型最大的蛇**。雖然不具毒性，卻能緊緊纏繞獵物，使其窒息死亡。野豬、野鹿與烏龜都吃。加上牠們的嘴巴能夠打得大開，所以任何獵物都能一口吞下。

分類	大小	食物	分布地
爬蟲綱 有鱗目	全長6～9m	魚、鱷魚及烏龜 等動物	太平洋沿岸以外的南美北部

*根據「日本平成29年度學校保健統計」（小學四年級男生平均體重＝30.5公斤）

蛇類……
差太多！

卡拉細盲蛇 小

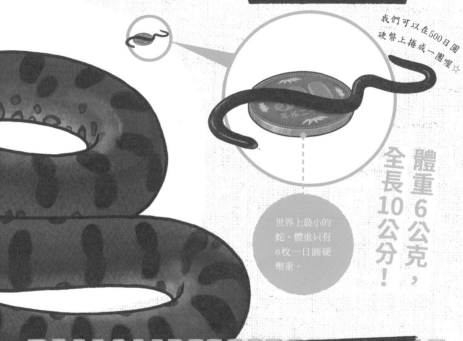

我們可以在500日圓硬幣上捲成一圈喔☆

體重6公克，全長10公分！

世界上最小的蛇。體重只有6枚一日圓硬幣重。

卡拉細盲蛇為什麼體型這麼嬌小呢？

因為牠們要和蚯蚓一樣在土裡生活。若要適應地底生活，鑽進土裡的話，體型小一點會比較方便。**身體嬌小容易從敵人手中逃脫**，但若是要產下大小足夠的卵，這種尺寸的身體只能算勉強及格，而且一次只能產下一顆卵。在地下築巢的螞蟻以及白蟻的幼蟲都是牠們的食物。

分類	爬蟲綱 有鱗目	大小	全長10cm	食物	螞蟻的幼蟲等	分布地	東加勒比海的巴貝多島

127

第4章

一比之下
不得了！

大同小異

與人類雷同的，
動物的習慣與行為

我們人類在演化的過程中會與同類互相幫助，
並且以團體的形式一起生活。有的人蓋房子，有的人尋找食物，
有的人則是幫忙治療傷口與疾病……每個人各司其職，
在生活上互助合作。這樣的團體就叫做「社會」。
而社會這種形態亦存在於其他生物的生活之中。
與人類社會中的規則及關聯性一樣，
動物的社會裡頭也有規定與羈絆，
有時這些情況與我們人類的社會還頗為雷同。
所以接下來就讓我們比較一下人類與動物十分相似的行為吧！

如何閱讀本章

舉止與我們人類極為類似，且特質雷
同的動物模樣大公開！就讓我們一邊
比較**「類似的行為」**，一邊思考這些
動物演化的祕密，究竟是哪個部分雷
同、為什麼會與人類這麼像吧！

比較一下「類似的行為」

太驚人！！

求婚時會送石頭♥

白蟻是靠團隊來搭建巨塔！

分類	昆蟲綱 蜚蠊目	大小	體高3mm（工蟻的大小）	食物	禾本科的草等	分布地	澳洲的莽原

※大教堂白蟻的資料。

塔裡頭
舒適到會讓人類
忍不住想要模仿喔！

塔內房間非常多，也有育兒室及糧食庫。有的白蟻還會準備一間培養蕈菇菌的房間，以便攝取營養。

還有栽種蕈菇的房間呢～

這一點很像！

棲息在莽原的白蟻會搭建一座形狀像塔的巢穴，稱為「**蟻塚**」。塔內採用了**可以調節溫度及通風順暢的構造**，高度方面最高的將近8公尺，裡頭棲息著數百萬隻白蟻。這個高度以人類身高來換算的話，幾乎是「哈利發塔」*這棟摩天樓的4倍。精湛的建築技術簡直不輸人類！

*位在阿拉伯聯合大公國首都杜拜、高828公尺的摩天樓。

終於大功告成了！

白蟻被稱為「**社會性昆蟲**」，牠們的生活以蟻后為中心，並且組成一個由數十萬隻到數百萬隻白蟻所構成的團體。不管是對抗敵人、保護同類的兵蟻，還是築巢照顧幼蟲的工蟻，每隻白蟻都**各司其職，謹守本分**。所有同類組成一個生命體來活動的這種舉動，讓白蟻演化成一個效率極高的團隊。

▼蟻后

蟻王▶

▲工蟻

兵蟻▶

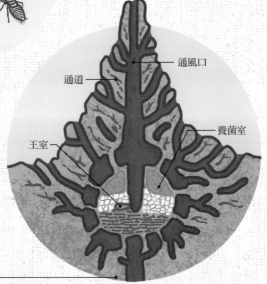

通道

通風口

王室

養菌室

莽原溫差甚大，白天溫度可達50℃。不過蟻塚內部的通道因為有**地下水冷卻過的空氣流通，**所以室溫能夠常保30℃。於是人們參考了這個構造，不斷地研究如何興建一棟少用空調設備的節能建築物。而參考生物擁有的特性來開發技術的研究，稱為「**仿生**」。

131

安地斯動冠傘鳥是靠龐克頭在較勁！

飆舞奪主位！

在帥哥總決賽中奪冠的就是我！

在吸引母鳥注意或威嚇競爭對手時，頭上的羽毛會膨脹，並且透過華麗的顏色與誇張的動作好讓自己看起來更加強壯、帥氣，這樣的行為稱為「求偶展示」。

類似的行為

你不覺得這個龐克頭很帥嗎？

📎這一點很像！

只要一到繁殖期，許多公鳥就會齊聚在「**求偶場**」*這個求婚之地，**將頭上的羽毛膨脹成龐克頭，不斷飆舞**。母鳥會根據牠們的舞姿和羽毛的華麗程度來擇偶，所以這些公鳥才會相競秀出自己頭頂上的羽毛。這舉動與藉由髮型及服飾來展現自己的人類非常相像。

分類	大小	食物	分布地
鳥綱 雀形目	全長32cm	果實及昆蟲等	南美西北部的森林

*許多公鳥聚集在一起以便向母鳥求愛的場所。安地斯動冠傘鳥的話通常是在樹葉稀疏、視線良好的樹枝上。

吸血蝠的母蝙蝠非～常講義氣!

吸血蝠是靠吸食其他動物的血來維生的。牠們還會以母蝙蝠為中心,數百隻成群聚集在森林的洞窟裡生活。

我今天沒有吸到血～

那我分妳一些!

有困難要互相幫忙呀!

🔗這一點很像!

吸血蝠只要兩天沒有吸到血就會餓死。所以一旦有同伴餓肚子,牠們就會將自己吸到的血吐出來與對方分食。相反地,要是自己餓肚子的話,同伴也會分一些血給自己。生物這種**互相幫助**的行為稱為「**利他行為**」,精神等同於我們人類「**分贈**」、「**回禮**」之類的社會行為。

類似的行為

來,分妳一些!

不好意思每次都常伸手牌。

分類	哺乳綱 翼手目	大小	體長7～9.5cm	食物	動物的血	分布地	中南美

阿德利企鵝求婚時會送對方小石頭！

分類	鳥綱 企鵝目	大小	全長75cm	食物	磷蝦、魚	分布地	南極與周邊地區

以禮物攻擊來奪取芳心！

要不要用這顆石頭來築我們的愛巢呢？

討厭♥

牠們冬天會在南極附近的海冰地區生活，到了春天就會為了傳宗接代，到海岸地區的岩場築巢。

這一點很像！

類似的行為

提到「**基本的求婚方式**」，第一個浮現在腦海裡的就是鑽戒。而阿德利企鵝在求婚時則是會給對方一顆小石頭，因為這是牠們築巢時不可或缺的重要材料。小石頭交給對方後，牠們會做出「**狂喜展示**」*的動作以確定彼此的心意。而這樣的舉動在演化過程中被視為是**求偶的固定形式**。

跟我結婚吧！

* 企鵝同類之間常見的求偶行為。公企鵝會把頭抬高，一邊鳴叫一邊拍動翅膀，母企鵝則是以搖晃身體來回應。

只要繁殖期的春天一到，公企鵝就會先上岸撿拾小圓石來築巢。**用來築巢的石頭要是不夠多，融化的雪水就會把卵打濕，導致卵死亡**，因此石頭要多撿一些才行。但是小石頭的數量往往非常有限，所以有時這些企鵝會為了搶石頭而大打一場。

用來築巢的石頭越多
就會越安心喔……

翠鳥的雄鳥求偶時會送小魚給雌鳥。這樣的行為稱為「**求偶餵食**」，也就是向雌鳥展現自己的狩獵能力，好讓彼此的關係更加密切。和人類一樣，**動物溝通的時候也有固定的形式與約定**。

我很會
找食物的喔！

好棒喔♥

喜隱雙蟾魚的雄魚越會唱歌就越搶手！

透過獨創的情歌來呼喚愛情！

牠們會讓體內的「魚鰾」膨脹，然後再搭配「呼嚕」「咘咘」的聲音鳴叫。

歌聲太過清脆的話會被其他雄魚干擾……

咘 ♪

類似的行為

這是一首為妳唱的情歌～♪

📎這一點很像！

喜隱雙蟾魚是一種蟾魚，以「鳴唱」能力聞名。平常靜靜躲在岩石的陰暗處，想要呼喚雌魚時就會發出相當獨特的叫聲。只要鳴叫聲越特別，就越不容易受到其他雄魚的干擾，並且在雌魚面前一展歌喉。**以獨創的情歌表達愛意，簡直就是名副其實的樂團男子！**

分類	大小	食物	分布地
條鰭魚綱 蟾魚目	全長約37mm	蝦類及小魚等	巴拿馬到巴西的淺海地區

臭鼩的孩子走路會排成一排！

外面很危險，絕對不可以脫隊喔！

走走走……

臭鼩的咬合力非常強，怎麼拉也拉不開的。

利用開火車這個遊戲來保護孩子！

📎 這一點很像！

臭鼩親子是採取「蓬車隊行為」這種方式移動。也就是由父母領隊，**孩子再依序咬著前者的屁股排隊前進**。一次要扶養3～6隻幼鼩的母親一旦察覺到危險，就會利用這種方法帶領孩子離開巢穴，遷徙到別的地方去。這種情況和**幼兒園小朋友散步時所有人排成一排的模樣**非常像。

類似的行為

來～大家排成一排喔～

走～走～走走走～

分類	哺乳綱 鼩形目	大小	體長13cm	食物	蚯蚓與昆蟲等	分布地	亞洲南部、非洲東部的農耕地與草叢地

瓶鼻海豚
的溝通語言
因地而異！

分類	哺乳綱 鯨目	大小	全長3m	食物	墨魚、魚類	分布地	熱帶到溫帶的沿岸地區

海豚對話時發出的聲音稱為「口哨聲」，興奮或威嚇對方時發出的聲音則是稱為「嘯叫聲」。

你在說什麼 我怎麼聽不懂呀！

這個囡仔有夠古錐的啦！

海豚發出的「口哨聲」很像吹笛聲，是一種能與同類對話的叫聲，不過聲調高低卻會因分布地區不同而有所差異，有些聲音甚至來自某個特定地區，不難推測牠們可以利用不同的口哨聲來判斷對方出自哪一群。而**居住地不同，使用的語言也有所差別**的情況，其實與人類一樣。

類似的行為

就算置身在漆黑的海裡，海豚也能夠利用反射回來的聲音掌握周遭地形，或者大致捕捉獵物的位置及大小。這種方法叫做「回聲定位」。此時海豚發出的喀哩喀哩、嘰哩嘰哩聲稱為「喀嗒聲」。只要發出這種聲音，海豚照樣能夠找到遠在100公尺處的東西。可見在演化的過程當中，牠們早已在數百萬年前具備了這個宛如**潛水艇聲納的能力**了。

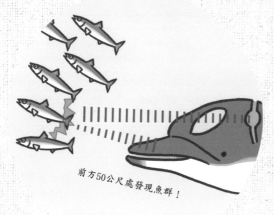

前方50公尺處發現魚群！

身為海豚同類的**虎鯨則是會用一種名為「脈衝」的叫聲與同伴對話**。虎鯨會以數頭至數十頭的家族為單位來組群，每一群都有獨屬的脈衝方言。而幼鯨會模仿父母或族群裡的成體發出的脈衝聲來學習所屬群體的語言。

這個就是我們家族的語言喔！

貉（狸貓）是在廁所交換情報！

貉的情況就好比現代人透過社群網路知道友人近況一樣。只不過牠們是從同伴的糞便來了解對方的現況。

貉吉
牠昨天吃了橡實耶。

那我也要去找來吃。

利用糞便向同伴報告近況!!

類似的行為

天哪～
真的假的～

🔗這一點很像！

會躲在廁所裡聊八卦的並非只有人類。貉這種動物也會設置一個名為「**集糞場**」的公共廁所，以便讓住在附近的鄰居交換情報。牠們會從糞便的氣味或內容來告訴對方彼此的活動範圍、家人近況與食物所在處等生活實用資訊。有時甚至還會出現**在廁所前大排長龍**的光景呢！

分類	大小	食物	分布地
哺乳綱 食肉目	體高50～60cm	小動物、魚、昆蟲、果實等	日本的本州、四國、九州

黑猩猩會為了討好強勁對手而假笑！

露出牙齒的笑容是「服從」的表情，而張大嘴巴的模樣則是「威嚇」的表情。

討厭～
頭頭果然是高手！

喔？真的嗎？

威嚇

服從

猿猴的世界也是一樣，只要會敷衍諂媚，就代表懂得人情世故！

📎這一點很像！

過著群體生活的黑猩猩會利用肢體語言以及表情與同類溝通。群體的上下關係非常嚴格，在面對實力較強的對象時，有時會露出傳遞「服從」之意的笑容。這種表情稱為「露齒笑」，具有取悅對方的效果，和人類的「陪笑」實在是太像了！

類似的行為

您的眼光真高！
呵呵！

分類	哺乳綱靈長目	大小	體長85㎝	食物	果實、樹葉、昆蟲、小動物等	分布地	非洲的森林

帝王企鵝的小寶寶都要上幼兒園!

分類	鳥綱 企鵝目	大小	全長1.2m	食物	魚、磷蝦、墨魚等	分布地	南極周邊的冰原

這裡是南極幼兒園。氣溫零下60℃!

乖乖在這裡等喔!

企鵝寶寶會靠在一起,以便在寒冷之中取暖。而負責照顧這些企鵝寶寶的是還沒有孩子的年輕企鵝。

爸爸會不會抓到好吃的魚呀?

企鵝寶寶誕生之後過一陣子，企鵝爸爸媽媽就會輪流到海裡去捕魚，以便餵企鵝寶寶吃飯。當**企鵝寶寶食量變大，企鵝爸爸媽媽就會一起去捕魚**。而家長不在的這段時間，企鵝寶寶會全部聚集在一起，並且交由年輕企鵝來照顧。這樣的團體稱為「**托兒所**」，功能相當於人類的幼兒園。

類似的行為

很久很久以前～

母企鵝產卵之後體力會變差，所以會立刻前往距離繁殖地有一段距離的海裡捕魚。這段期間公企鵝會將蛋放在腳掌上，並且就這樣**站著孵蛋，不吃不喝將近兩個月**。企鵝寶寶孵化的時候母企鵝要是還沒回來，公企鵝就會先**餵寶寶喝**從食道（嗉囊）內側分泌剝落的「**企鵝乳**」。所以不管是孵蛋還是餵奶，都是企鵝爸爸負責的。

海邊常見豹斑海豹或虎鯨之類的敵人，所以企鵝會在離海邊有點遠的內陸地區來撫養寶寶，而且這個地點到海邊的距離有80～200公里。在為孩子捕魚的時候，企鵝爸爸媽媽也有可能會在海中遭到敵人襲擊，所以牠們的游泳技巧才會**演化到足以替代在空中飛翔的能力**，並且在海裡迅速游泳捕魚，而且**每次潛水都還能閉氣至少20分鐘**呢。

\一比之下不得了！/

地球與
生物的

演化歷史

38億年前，第一個生命誕生了！

冥古宙～太古宙

46億年前～25億年前

甲烷菌

誕生於海底熱泉噴口處的古細菌。
現在依舊存於地球。

▶相關：91頁

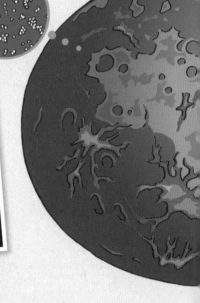

這個時代的
頭條新聞

**45億
年前**
（冥古宙）

月球也誕生了！

小行星撞上剛形成的地球時，四處飛散的岩石匯集成月球。而月球產生的引力讓地球
上的大海形成巨大波浪，成為孕育生命的契機之一。

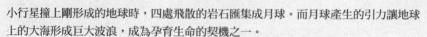

冥古宙	太古宙	元古宙	寒武紀	奧陶紀	志留紀	泥盆紀	石炭紀	二疊紀	三疊紀	侏羅紀	白堊紀	古近紀	新近紀	第四紀
前寒武紀			古生代						中生代			新生代		

距今約46億年前，地球在小行星互相撞擊之下誕生了。人們推測地球的第一個生命大約出現在38億年前。那麼接下來就讓我們來看看生物的演化過程，同時順便一邊比較地球與生物每個年代的模樣，一邊了解這段演化的歷史吧！

火與水的行星！

40億年前的地球。一半是火海，一半是大海。

一切就從這裡開始！

也曾有過這樣的時代

最初的生命應該是誕生於海洋的微生物。那是肉眼看不見的小小生命喔。當時的地球還沒有氧氣，而是充滿了甲烷氣體。但是自從我們在25億年前誕生，進行「光合作用」之後，地球就開始充滿了氧氣。而這個變化，正是大型生物誕生的契機喔！

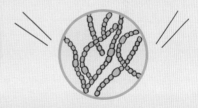

這個時代的目擊者
藍綠藻

能夠進行「光合作用」、製造氧氣的細菌。現在依舊存於地球。

▶相關：90頁

硫酸還原菌

35億年前在地球相當繁盛的細菌，現在依舊存於地球。

肉眼可見的生物登場了！

元古宙

25億年前～5億4100萬年前

▶相關：4頁

金伯拉蟲

外殼約10公分，擁有長長吻部的生物。

三腕蟲

直徑約5公分，外觀如圓盤且謎雲重重的生物。

這個時代的 頭條新聞

凍住了

古太平洋

7億年前 （元古宙）

地球結凍了！

地球曾數次遇到超嚴重的冰河時期，且氣候寒冷到幾乎讓整個地球覆蓋一層冰！不少微生物因此遭到滅絕，不過這些冰層融化後，反而促成體型較大的生物演化誕生。

查恩盤蟲

全長約50公分，外觀為植物模樣的動物。

冥古宙	太古宙	元古宙	寒武紀	奧陶紀	志留紀	泥盆紀	石炭紀	二疊紀	三疊紀	侏羅紀	白堊紀	古近紀	新近紀	第四紀
前寒武紀			古生代						中生代			新生代		

將近30億年的時間，地球上都只有僅具單細胞，小到肉眼看不見的微生物而已，但是到了6億年前卻演化出數個細胞聚集而成的生物，讓地球出現了體型較大的生物。

遼闊的岡瓦納大陸！

6億年前的地球。南半球是一片面積遼闊的超級大陸，被稱為岡瓦納大陸。

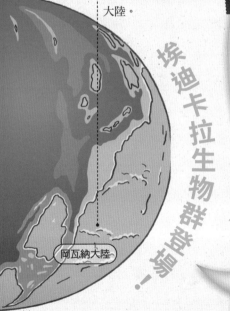

埃迪卡拉生物群登場！

〔岡瓦納大陸〕

也曾有過這樣的時代

提到距今6億年前左右的地球，所有生物幾乎都在海裡生活，所以那個時候大家才會既沒有手腳、沒有眼睛也沒有骨頭，身體和果凍一樣Q彈柔嫩。我們並不會捕食其他生物，而是一點一點地食用體型更小的微生物喔。

這個時代的目擊者
狄更遜水母

全長約1公尺、外觀扁平的生物。就這個時代而言，體型算是最龐大的。

元古宙的最後一個年代稱為「埃迪卡拉紀」（6億3500萬年前至5億4100萬年前）。在這個時期出現的那些外表奇特的生物就稱為「埃迪卡拉生物」。

生物種類大暴增！

古生代前半

寒武紀 ～ 志留紀

5億4100萬年前 ～ 4億1920萬年前

怪誕蟲

擁有許多尖刺與觸手，
屬於有爪動物的生物。

房角石

擁有筆直外殼的生物，
和鸚鵡螺同類，

▶ 相關：76頁

古太平洋

這個時代的 頭條新聞

5億年前
（寒武紀）

魚類的祖先登場了！

豐嬌昆明魚等「無顎類」，也就是沒有下巴的原始魚誕生
了。牠們不僅孕育出擁有下顎及脊椎骨的魚類，之後還演
化成各式各樣的脊椎動物，例如兩棲類。

月盾鱟

三棘鱟的同類。從三葉蟲
演化而來。

▶ 相關：86頁

當年代來到古生代的寒武紀時，長出眼睛與腳的生物出現了。身上特徵與現代生物有所關聯的物種紛紛出籠，例如原始性的魚類，以及身體覆蓋著一層硬殼的「節肢動物」，讓生物的種類爆發性地增加。

植物從海洋來到陸地！

5億年前的地球。藻類演化成苔蘚植物；到了4億年前左右，陸生植物誕生。

這就是寒武紀大爆發！

岡瓦納大陸

也曾有過這樣的時代

什麼？你說和人類一樣有脊椎骨的「脊椎動物」是你們的祖先？告訴你好了，你們的祖先是這個時候才誕生的啦。這個時候還是像我們以及鸚鵡螺這種沒有脊椎骨的「無脊椎動物」占絕大多數喔！寒武紀最強的男性，非我們莫屬啦！

這個時代的目擊者
奇蝦

大大的眼睛在捕捉獵物時可以看得一清二楚，是寒武紀最厲害的海洋捕食者。

海豆芽

推測應和舌形貝同類，屬於腕足動物。

▶相關：89頁

擬油櫛蟲

人稱「三葉蟲」的節肢動物。牠們的同類在古生代結束前可說是相當繁盛。

四足動物離開海洋，登上陸地！

古生代後半

> 泥盆紀 ～ 二疊紀

4億1920萬年前～2億5190萬年前

布氏米瓜夏魚（空棘魚）

棲息於淡水環境，屬於早期的腔棘魚。體長約45公分。

▶ 相關：80頁

鄧氏盾皮魚

下顎力道非常強，體長可達6公尺的大型魚類。

盤古大陸

古太平洋

這個時代的
頭條新聞

3億年前
（石炭紀）

林蜥

在森林中捕食昆蟲，最為早期的爬蟲類。

植物也演化了！

持續的溫暖氣候讓從苔蘚演化來的蕨類逐漸大型化，最後形成森林。這片森林讓莫氏巨脈蜻蜓等巨大昆蟲繁榮興盛。而現在從地底挖掘到的石炭多為這年代的植物化石。

到了古生代的泥盆紀，大型化的魚類便開始在世界各地的海洋中興盛。不僅如此，從魚類演化而來的兩棲類也開始用四隻腳行走，正式來到陸地。自此之後，演化的兩棲類衍生出爬蟲類及單弓類，節肢動物則是在演化之後衍生出昆蟲類，並在陸地繁榮興盛。

盤古大陸出現了遼闊的森林

3億年前的地球。相連的陸地形成了盤古大陸這塊超級大陸。赤道附近出現了山脈，形成一片規模龐大的遼闊森林。

不管是海洋還是陸地
生命不斷增加！

🖹 也曾有過這樣的時代

那個時候接二連三都是溫暖的好日子……蓊鬱森林裡的植物茁壯成長，不管是以這些植物為食的昆蟲，還是捕食昆蟲的肉食性動物，各個體型都越來越巨大。但萬萬沒想到，最後竟然會發生那件讓大量生物滅絕的恐怖事件……幸好我是在那個意外發生之前死的。

▶ 相關：87頁

這個時代的目擊者
異齒龍

體長約2公尺、屬於二疊紀初期的單弓類。

笠頭螈

有一個碩大的三角形頭部，是在淡水中生活的兩棲類。

節胸蜈蚣

體長約2公尺，與馬陸同類的節肢動物。

151

恐龍的時代來了！

中生代 （三疊紀 ～ 白堊紀）

2億5190萬年前～6600萬年前

劍龍
侏羅紀時期曾經生活在北美與中國大陸的植食性恐龍。

擬銀杏
自中生代以來一直欣欣向榮，與今日的銀杏幾乎毫無兩樣的同類植物。
▶相關：83頁

這個時代的頭條新聞

6600 萬年前
（白堊紀）

現在的北美

現在的南美

墜落的隕石導致恐龍滅絕 ▶相關：8頁

地球因遭到隕石撞擊而讓將近60%的生物慘遭滅絕。恐龍因無法承受地球大規模發生的火災、海嘯及寒冷氣候而滅絕，為長達2億年的繁榮歷史畫下休止符。

奇異日本菊石
白堊紀分布在日本及俄羅斯等地的菊石。外殼的捲曲方式獨特到令人好奇不已！

冥古宙	太古宙	元古宙	寒武紀	奧陶紀	志留紀	泥盆紀	石炭紀	二疊紀	三疊紀	侏羅紀	白堊紀	古近紀	新近紀	第四紀
前寒武紀			古生代						中生代			新生代		

古生代末期地球發生了大規模的火山運動，導致生物大量滅絕。幸而逃過一劫的爬蟲類在三疊紀演化，促成恐龍的誕生。同一時期的單弓類動物則是孕育出哺乳類的祖先。到了侏羅紀，部分恐龍更是演化成鳥類。

盤古大陸分裂！

1億5000萬年前的地球。超級大陸分裂，形成今日的大陸原型。

現在的歐亞大陸

現在的非洲

現在的南極

現在的澳洲

恐龍的繁盛與滅絕！

也曾有過這樣的時代

沒錯，中生代是大型爬蟲類的時代，因為地上有恐龍，天上有翼龍，海裡有蛇頸龍，個個都以一副調皮搗蛋的表情掌握地球的各個角落，而我們哺乳類就只能偷偷躲在森林裡生活，直到巨大的隕石墜落在地球上為止……

這個時代的目擊者
隱王獸

誕生於三疊紀、最為早期的卵生哺乳類。

巨獸龍

白堊紀生活在南美大陸，體型最為龐大的肉食性恐龍。體長約14公尺。

無齒翼龍

白堊紀生活在北美等地的翼龍。左右雙翼伸展開時的寬度約9公尺。

哺乳類遍布全世界！

新生代

古近紀～第四紀

6600萬年前～現在

陸行海妖獸

過著半陸半水生活的儒艮祖先。擁有四隻腳。
▶相關：6頁

冠恐鳥

體高2公尺，體型巨大的恐鳥類，但是無法在空中飛翔。

這個時代的頭條新聞

20萬年前
（第四紀）

人類終於誕生了！
▶相關：70頁

大約在20萬年前，我們人類（智人）終於誕生了！而且還以團體的力量在冰河時期度過好幾次難關。今後我們人類究竟會開創出什麼樣的未來呢？

巨犀

史上最大的陸生哺乳類，與犀牛是同類。體長長達7.5公尺。

冥古宙	太古宙	元古宙	寒武紀	奧陶紀	志留紀	泥盆紀	石炭紀	二疊紀	三疊紀	侏羅紀	白堊紀	古近紀	新近紀	第四紀
前寒武紀			古生代						中生代			新生代		

恐龍滅絕之後，哺乳類取代了牠們空出的位置，遍布在這世界上，數量與種類也隨之增加。而在這段演化的過程當中，我們人類也誕生了。如同之前所說的，在這段長達38億年的生命歷史當中，滅絕與演化一直不斷在重複。今日我們生存的這個地球本身其實就是一個令人驚嘆的奇蹟！

森林減少，平原擴大

4000萬年前的地球。面積原本非常寬敞的亞熱帶森林因為地球變得寒冷而減少，促使草原增加。

生命一直延續到未來！

也曾有過這樣的時代

恐龍滅絕之後，哺乳類能夠棲息的地方就變多了，不過地球的氣候卻變得寒冷，森林也變成草原。我們哺乳類在不斷適應全新環境的情況之下，物種一口氣增加了不少。雖然我已經滅絕了，不過你們人類未來……究竟會如何呢？

這個時代的目擊者
圓角鼠

曾在地底挖掘巢穴生活、與松鼠相近的齧齒類。頭頂兩根大大的角實在太討人喜歡了！

智人
誕生於非洲，與我們同種的人類。懂得製作工具，並且遍布全世界。

155

結語

看完本書之後，大家是否體會到「生物演化」這個神奇又有趣的現象了呢？現在的我在進入森林裡調查動物生態的同時，腦子裡都迸出很多事情，例如動物棲息的森林，還有那些動物演化的事情。

不過最神奇的，還是動物為什麼一看到人類就要逃……。就算在森林裡遇到其他動物，也只能看到牠一瞬間，而且還是逃之夭夭的背影。

假設我們現在看到了一隻松鼠在吃核桃。這隻松鼠正坐在樹枝上，雙手捧著核桃，喀滋喀滋地啃著核桃殼，而且還不時地抬頭巡視四方，看看有沒有什麼「詭異的東西」過來。此時一看到人類，牠們就會趕緊叼著核桃，跳跳跳地消失在森林深處。那個人根本就沒有要抓松鼠，更沒有打算要嚇牠。明明就只是看著松鼠而已，但是牠就這樣被嚇跑了。

我猜，這應該是那隻松鼠小時候發現松鼠媽媽一看到人就會跑走的樣子，所以就有樣學樣吧。

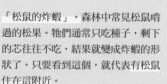

「松鼠的炸蝦」。森林中常見松鼠啃過的松果。牠們通常只吃種子，剩下的芯往往不吃，結果就變成炸蝦的形狀了。只要看到這個，就代表有松鼠住在這附近。

正在啃食核桃殼的
日本松鼠。

在樹幹上架設攝影機及感應器，
以便調查動物的一舉一動。作者
還繪製了一張棲息在奧多摩及富
士山森林的野生動物生活地圖。

　　其實不只是人類，幾乎所有動物只要看到陌生的東西就會提高警戒。不少動物就是因為缺乏警戒而導致滅絕，或者是瀕臨滅絕。今日我們常見的那些動物就是因為警戒心高，所以才能夠存活到現在。可見警戒心高是其中一種演化。而在這片寧靜的森林裡，說不定過了幾十年後就會出現看到人類也不會被嚇跑的松鼠喔。

　　走到森林裡的時候，要是能夠透過自己的身體來感受動物、感受森林、感受這片大自然的話，就會對人類這種生物了解得越深，這種感覺非常奇妙。擁有嚴寒及晴雨的「自然」真的是一個非常棒的地方。所以我鼓勵大家一定要到大自然裡探險。相信走過之後，你一定會有所收穫的。

動物學家 今泉忠明

索引

本書中介紹的生物

共有 153 種

童心園系列 129

驚人大發現！動物演化驚奇圖鑑—原來以前動物長這樣？
くらべてびっくり！やばい進化のいきもの図鑑

作　　　　者	今泉忠明
繪　　　　者	內山大助、阿部民雄
譯　　　　者	何姵儀
審　　定　　者	張東君
總　　編　　輯	何玉美
責　任　編　輯	鄒人郁
封　面　設　計	黃淑雅
內　文　排　版	尚騰印刷事業有限公司

出　版　發　行	采實文化事業股份有限公司
行　銷　企　劃	陳佩宜・黃于庭・蔡雨庭・陳豫萱・黃安汝
業　務　發　行	張世明・林踏欣・林坤蓉・王貞玉・張惠屏
國　際　版　權	王俐雯・林冠妤
印　務　採　購	曾玉霞
會　計　行　政	王雅蕙・李韶婉・簡佩鈺
法　律　顧　問	第一國際法律事務所　余淑杏律師
電　子　信　箱	acme@acmebook.com.tw
采　實　官　網	www.acmebook.com.tw
采　實　臉　書	www.facebook.com/acmebook01
采實童書粉絲團	https://www.facebook.com/acmestory/

I　S　B　N	978-986-507-441-8
定　　　　價	350元
初　版　一　刷	2021年9月
劃　撥　帳　號	50148859
劃　撥　戶　名	采實文化事業股份有限公司
	104台北市中山區南京東路二段95號9樓
	電話：02-2511-9798
	傳真：02-2571-3298

國家圖書館出版品預行編目（CIP）資料

驚人大發現!動物演化驚奇圖鑑：原來以前動物長這樣? /
今泉忠明作；內山大助、阿部民雄繪；何姵儀譯. -- 初版.
-- 臺北市：采實文化事業股份有限公司, 2021.09
　面；　　公分. -- (童心園系列；129)
　ISBN 978-986-507-441-8（平裝）
　1.動物 2.動物演化 3.通俗作品
380　　　　　　　　　　　　　110008643

くらべてびっくり! やばい進化のいきもの図鑑
©TADAAKI IMAIZUMI 2020
©DAISUKE UCHIYAMA 2020
©TAMIO ABE 2020
Originally published in Japan in 2020 by SEKAIBUNKA Publishing Inc.
Traditional Chinese translation Copyright © 2021 by ACME Publishing Co., Ltd.
Traditional Chinese translation rights arranged with by
SEKAIBUNKA Publishing Inc. TOKYO through TOHAN CORPORATION, TOKYO.
And Keio Cultural Enterprise Co., Ltd.
All rights reserved.